国内外典型化学品环境污染事故案例及其经验教训

主　编　吕怡兵

副主编　李政禹　许人骥

中国环境出版社·北京

图书在版编目（ＣＩＰ）数据

国内外典型化学品环境污染事故案例及其经验教训/吕怡兵
主编. —北京：中国环境出版社，2015.10
ISBN 978-7-5111-1931-5

Ⅰ.①国… Ⅱ.①吕… Ⅲ.①化学污染－环境污染事故－案
例－世界 Ⅳ.①X507

中国版本图书馆CIP数据核字（2014）第140217号

出 版 人　王新程
责任编辑　丁　枚
责任校对　扣志红
封面设计　彭　杉
排版制作　杨曙荣

出版发行　中国环境出版社（100062 北京市东城区广渠门内大街16号）
　　　　　网　　　址：http://www.cesp.com.cn
　　　　　电子邮箱：bjgl@cesp.com.cn
　　　　　联系电话：010-67112765（编辑管理部）
　　　　　　　　　　010-67112735（环评与监察图书出版中心）
　　　　　发行热线：010-67125803 010-67113405（传真）
印　　刷　北京中科印刷有限公司
经　　销　各地新华书店
版　　次　2015年10月第1版
印　　次　2015年10月第1次印刷
开　　本　787×1092　1/16
印　　张　12.5
字　　数　156千字
定　　价　38.00元

本书编委会

主　　　编　吕怡兵

副　主　编　李政禹　许人骥

参加编写人员　张霖琳　刀　谞　陈　明　胡冠九

张卫东　杨　坪　刘　伟　谭　丽

前　言

　　化学品种类繁多、形态复杂，且具有特殊危险性等特点，目前国内外生产使用的化学品约 4.5 万种，列入我国《危险化学品目录》和《剧毒化学品目录》的化学品分别有 3 823 种和 335 种，此外还有数以万计的易燃、易爆、易致毒的物质广泛分布在化学品生产、运输、储存、使用、销售直至废物处置过程中。化学品作为重要的原材料，在经济社会发展中具有不可替代的作用，但由于其特点，从生产到废弃处置的全生命周期中监管稍有疏漏，就可能对人体健康和生态环境造成重大危害。

　　我国化学品管理形势严峻。虽然我国对化学品的监测监管体系已初步形成，但管理理念上对"预防为主、全程监管、源头控制"的认识有待加强，行动上尚未把健康安全放在与生产安全同等重要地位考虑。随着我国石化、化工行业的高度发展，我国已经进入化学品事故多发期和高发期，且预计未来 15 ～ 20 年，我国化学工业生产将达到峰值。从国际经验来看，这一阶段既是化学品工业快速发展期和化学品使用量高增长期，又是化学品生产安全、健康安全和环境污染的高风险期。从宏观产业布局看，我国炼油、石化、合成材料制造、化肥、基础化学原料类生产企业平均规模相对较大，而化学矿采选、涂料染料颜料、专用化学品类企业的平均规模相对较小，但数量众多。合理的化工产业宏观布局应靠近资源或者靠近市场，但我国东北、西北地区原油加工能力超过市场需求，而西南地区原油加工能力不足，成品油依靠长距离调运；部分地区的化肥、电石、甲醇等煤化工企业既远离煤炭产地又不靠近市场，原料、产品均需长途运输；农药原药、涂料、染料的生产企业主要集中在东南部沿海以及华北地区，这些地区人口密集，环境因素敏感，化学品生产的安全和环保风险更大。从微观布局上看，目前我国化工企业布局总体呈现沿水、沿城的分布特征，一旦发生事故，很容易造成对水体上下游或人口集聚区的影响。2006 年，国家环保总局对 7 555 个化工企业开展环境风险排查，从布局上看，分布在长江流域的化工企业占 45%，在黄河流域的占 18.9%；各地排查出环境危险源 3 442 个，其中项目周围 5 公里内有城镇的项目有 2 489 个，占 33%；在江河湖海及水库沿岸的有 1 354 个，占 18%；布设于水源取水口上游或自然保护区、重要渔业水域和珍稀水生物栖息地附近的有 359 个，占 5%。

化学品生产安全事故呈现多发、高发态势。据统计，我国每年发生数百起化学安全事故。2000—2002 年全国发生的化学安全事故分别为 416 起、564 起与和 592 起。1990 年 1 月至 2003 年 4 月，全国共发生硫化氢泄漏中毒事故 49 起，死伤 709 人。1999 年 1 月至 2001 年 3 月，我国公安消防部队参与扑救的化学灾害事故达 6 872 起。此外，2008～2011 年，环境保护部接报处置的突发环境事件共 568 起，其中涉及危险化学品的有 287 起，占突发环境事件的 51%，每年与化学品相关的突发环境事件比例分别为 57%、58%、47% 和 46%。安全生产、交通事故等引发的次生环境事件持续上升，重金属污染事件高发；百年一遇甚至几百年一遇的暴雨和洪水、地震、泥石流等自然灾害多发频发，次生环境事件相继出现。有的事件动辄威胁几十万人，甚至上百万人的饮用水安全，严重危害群众健康和社会稳定；有的事件造成了巨大的经济损失。2003 年重庆开县特大天燃气井喷事故，大量含硫化氢天然气外泄，撤离转移周边群众 65 632 人。该事故共造成 243 人死亡，住院治疗 2 142 人，直接经济损失 9 262 余万元。2005 年 11 月 13 日，吉化双苯厂发生爆炸，约 100 吨苯系物进入松花江，形成 100 公里的污染带，哈尔滨停水 4 天，在国内外造成巨大影响。2005 年 11 月 19 日至 12 月 16 日，广东省韶关冶炼厂约 1 000 吨高浓度含镉废水排入北江，造成北江韶关段镉浓度严重超标，对数十万群众的饮用水安全构成威胁。2010 年 7 月 16 日，大连国际储运公司原油罐区输油管道在被违规加注原油硫化氢脱除剂作业过程中发生爆炸，引起火灾，并造成海洋污染。2010 年 7 月，福建紫金矿业紫金山铜矿湿法厂发生渗漏事故，约 9 176 米³ 含铜酸性污水进入汀江，致使 185.05 万公斤鱼类死亡，并导致部分水厂停止取水。2012 年广西龙江河镉污染事件对人民生活的安全、水生态环境造成了严重的影响。

研究突发环境事件的特点、所涉及化学品和有害化学物质的固有危害性，深入分析事故原因及其经验教训，对加强严重危害人体健康和环境的化学品的环境监管，预防重大突发环境事件发生，建立预警体系具有十分重要的意义。选取 2005—2011 年在我国发生的 196 起具有代表性的危险化学品安全事故案例，对事故发生场所、事故类型以及事故成因进行分析，可以看出，在事故场所上，生产现场仍是安全事故的高发区域（占约 60%），而在厂区之外的物流仓储环节的事故发生率也不断上升（占约 20%）；在事故类型上，由于化工生产高温高压的本质特点，发生爆炸、火灾类事故频率较高（分别占 48% 和 17.3%），并且由于项目布局的不合理造成了很多泄漏和中毒事件（占总比例的 32.1%）；在事故原因上，违规违章操作所发生的安全事故比例占到了事故总量的 61%，这与近些年化工企业改制与用工形式发生变化，企业忽视安全培训、安全教育有很大关系。

"前事不忘，后事之师"，得益于中国工程院重大咨询研究项目"有害化学物质监测监管现状、问题及对策研究"的资助，我们对国内外典型化学品环境污染事故案例进行了系统调研，并筛选出其中的典型案例，包括国外案例 12 个、国内案例 36 个，主要案例包括危险化学品生产安全事故、危险化学品交通运输事故、输油、输气管道爆炸事故、企事业单位违法排污环境污染事件、自然灾害引发的化学品环境污染事件、尾矿坝跨塌和危险废物处置环境污染事故、重金属污染和儿童血铅中毒事件以及其他人为活动引发的典型化学品环境污染事件。在案例调研时重点关注了所涉及化学品和有害化学物质的固有危害性，深入剖析化学品环境污染事故发生的原因，总结事故处理处置经验教训，对事件的起因、经过、涉及的危险化学品、危害、暴露的问题分类进行评述，并提出了防范措施建议。

希望本书能为预防重大突发环境事件的发生，建立预警体系及发生突发环境事件后的应急处置工作提供借鉴。限于专业角度、时间限制等，本书对案例的收集和分析难免挂一漏万，也请读者对书中的错误和不足之处，多多批评指正。

目　录

上　篇

下 篇

上　篇

2003 年重庆开县特别重大天然气井喷事故

时间和地点：2003 年 12 月 23 日，重庆市开县高桥镇。

涉及化学品：硫化氢。无色易燃气体，有腐败鸡蛋气味。该物质刺激眼睛和呼吸道，接触可能导致神志不清和死亡，大量吸入致命。对水生生物毒性大。

事故经过：

2003 年 12 月 23 日，位于重庆市开县高桥镇晓阳村的中国石油四川石油管理局川东钻探公司钻井二公司川钻 12 队承钻的罗家 16H 井发生特别重大井喷失控事故。该公司的罗家 16H 井于 2003 年 5 月 23 日开钻，该井为中石油作为水平井开采新工艺而设计的钻井，设计井斜深 4 322 米，垂深 3 410 米，水平移位 1 586.5 米，水平段长 700 米，设计日产天然气 100 万立方米。至 12 月 23 日钻至深 4 049.48 米。因需要更换钻具决定进行起钻，12 月 23 日 2 时 52 分开始起钻作业。按规定起钻前必须先进行 90 分钟的泥浆循环，而操作者仅进行了 35 分钟的泥浆循环就开始起钻作业。在起钻作业中按规定钻杆每提升 3 柱就需要一次灌满泥浆才能继续起钻。但是在操作时，有 9 次超过 3 柱规定进行灌浆操作，最严重时长达 9 柱才进行灌浆。由于错误操作造成泥浆柱密度不足，泥浆封闭性受到严重影响。23 日 12 时因机械故障停止了起钻操作，停车 4 个小时进行检修。在 16 时 20 分检修结束后没有进行泥浆充分循环，即违章继续进行起钻作业。21 时 55 分录井员发现泥浆溢流，向司钻报告发生井涌，司钻发出井喷警报。井队采取多种措施未能控制住局面。至 22 时 4 分左右，井喷完全失去控制，高含硫化氢天然气大量逸出。22 时 30 分左右井队人员开始撤离现场，同时疏散了井场周边居民，并向其上级部门报告，再经四川、重庆安监部门辗转向政府报告。23 时 20 分左右，井队人员完全撤离，在外围设立了警戒线。23 时左右，重庆市政府接到事件报告，责成开县政府以最快的速度疏散转移群众，后者在指示高桥镇立即组织疏散群众的同时，迅速动员县有关职能部门即刻赶赴现场组织救援。人员疏散以气井为中心、半径 5 公里范围内的群众全部转移，在井口 5 公里外呈放射状设置 15 个集中救助安置点安置转移群众。共疏散转移人员 65 632 名，其中开县安置点安置 32 526 人，转移到四川省宣汉县 10 228 人，其余以投亲靠友和群众互帮互助方式进行安置。24 日下午，重庆市政府领导及卫生、公安、环保、民政等市级相关部门和专业救援队伍紧急赶往开县，正式成立了"12·23"抢险指挥部，组织抢险救援工作。市政府成立抢险救灾指挥部，下设前线指挥、交通控制、后勤保障、医疗救护、信息联络 5 个工作组，先后共动员调集干部 1.2 万余名，驻渝部队、公安、武警和消防官兵 1 500 余人，医护人员 1 400 余人，民兵预备役 2 800 余人，参与抢险、疏散、医疗救护、秩序维护等工作。24 日 15 时 55 分左右 16H 井放喷管线点火成功，高含硫化氢天然气已持续喷出了 18 个小时。24 日 16 时点火成功后，经市疾控中心连夜从井口下风向，沿公路两侧，选择低洼地点监测，逐渐推进至离井喷口数十米，确认空气中硫化氢浓度已不会造成抢险救灾人员中毒。12 月 25 日组建 20 个搜救队，26 日组建 102 个搜救组，对以井口为中心、半径为 5 公里的区域，实施拉网式搜救，共搜救出 900 多名滞留危险区的群众，为压井做准备。27 日上午 9 时前，在川东北气矿 16H 井喷现场，近 200 名石油专家和施工人员将压井工作准备就绪；60 名消防队员、75 名防化战士和 2 000 多名公安干警分布在井喷事故现场周围，将相关工作安排得有条不紊。9 时 28 分，开始关闭放空管闸门，9 时 36 分，正式开始灌浆压井，10 分钟后压井封堵基本成功。直至 27 日 11 时，罗家 16H 井被压井成功，持续约 85 个小时的井喷失控才得到控制。点火成功后，12 月 30 日 6.5 万灾民全部返乡。在事故过程中，生活安置方面紧急调运和发动群众捐赠 4.5 万床棉被、85 363 件衣服、152 吨大米、45.5 吨面条、30.5 吨食用油等救灾物资，保证了安置灾民"有饭吃、有衣穿，不挨饿、不受冻"。社会治安保障方面出动警力 2 000 多人，组成流动治安巡逻队 8 支，设置 54 个警戒点，对临时救助点加强安全警戒，对群众转移灾区后的"空场"、"空街"和"空房"进行巡逻，防止不法分子趁火打劫。

井喷事件使开县 4 个乡镇、30 个村、389 个社 9.3 万人受灾，疏散转移居民 6.5 万人，造成 243 人死亡，伤病就诊人员 32 584 人次，住院治疗观察 2 142 人和大量家禽家畜及野生动物死亡，导致直接经济损失 9 262 多万元。除造成严重的人员伤亡和经济损失，也给灾区居民特别是死亡人员亲属带来严重的心理伤害和精神创伤。

事故发生地区的大气、水和土壤环境均受到了影响。在距离污染源下风向 5 000 米以内的区域，以及垂直于下风向 500 米以内的区域，大气环境受到了不同程度的污染。其中，在下风向 500 ~ 1 500 米的区域内，污染最为严重。同时，由于硫化氢的沉降，事故发生地区的水环境和土壤环境也受到了不同程度的影响，表现为水质的恶化和土壤的酸化。

事故原因和教训：

1. 违章操作是造成井喷的基本原因

违章操作，起钻前泥浆循环时间严重不足。起钻前需要进行 90 分钟泥浆循环，但实际操作中仅进行了 35 分钟的泥浆循环。这导致没有将井下气体和岩石屑全部排出，影响泥浆柱的密度和密封效果。在长时间检修停机 4 小时后，起钻前规定要进行 90 分钟以上充分泥浆循环，但实际上违反规章没有进行循环操作，导致没有排除"气侵泥浆"，影响泥浆柱的密度和密封效果。起钻时，规定"钻杆每提升 3 柱，灌满泥浆一次"，但实际操作时没有按规定灌注泥浆。其中 9 次超过 3 柱才进行灌浆操作，最长达提升 9 柱才进行灌浆。由于严重违章操作，导致井下没有足够的泥浆填补钻具提升后的空间，减小了泥浆柱的密封作用，造成泥浆上涌，以致井喷。

直接技术原因有：有关人员对罗家16H井的特高出气量估计不足；高含硫高产天然气水平井的钻井工艺不成熟；在起钻前，钻井液循环时间严重不够；在起钻过程中，违章操作，钻井液灌注不符合规定；未能及时发现溢流征兆，这些都是导致井喷的主要因素。有关人员违章卸掉钻柱上的回压阀，是导致井喷失控的直接原因。没有及时采取放喷管线点火措施，大量含有高浓度硫化氢的天然气喷出扩散，周围群众疏散不及时，导致大量人员中毒伤亡。

2. 工作疏忽和指挥失误导致井喷失控

未及时发现溢流征兆。当班人员工作疏忽，没有认真观察录井仪，不能及时发现泥浆变化等溢流征兆。

为防止内喷在钻具装置中安装回压阀进行控制，而回压阀被指挥者错误指挥而拆卸掉，致使钻杆在发生井喷时无法控制，导致井喷失控。

3. 应急处置不当导致大量人员硫化氢中毒伤亡

未及时采取在放喷管点火，含硫化氢天然气喷泄近20个小时之后才被点燃，造成大量硫化氢喷出扩散，导致大量人员中毒伤亡。

事故应急预案不完善，井队没有针对当地社会情况制定事故应急预案。与所在地政府未能建立"事故应急联动机制"和紧急状态联系方法。没有及时向所在地政府报告事故，告知群众疏散方向、疏散安全距离以及避险措施，致使地方政府应急处理工作陷于被动。

井队缺乏避险防护知识的宣传教育。当地政府工作人员和群众没有硫化氢中毒避险防护知识，致使扩大了事故损失。已经撤离分散的群众看到井喷没有发生爆炸和火灾，而自行返回村庄造成中毒死亡。

4. 安全管理方面的原因

企业安全生产责任制不落实。该井场限产管理不严，存在严重的违章指挥、违章作业问题。工程设计上有缺陷，审查把关不严。未按照有关安全标准标明井场周围规定区域内居民点等重点项目，没有进行安全评价和审查，对危险因素缺乏分析论证。

开县井喷事故提示我们，建设项目安全生产与职业病危害等相关预评价，不仅可为建设项目单位识别出安全隐患、职业病害因素，以制定预防控制措施和做好应急准备，也是政府安全生产监督、卫生等应急部门掌握辖区内高危险物质生产、使用机构的分布、危害因素存量及其工作条件状况，制定针对性应对预案，做好必要的应急准备，确保突发事件发生后得到重要的信息源，以及时正确地启动应急反应的前提条件。而建设项目预评价工作目前尚未得到各类建设单位的足够重视，应有强有力的措施推进。

案例 2

2004 年川化污染沱江事件

时间和地点：2004 年 3 月，四川省成都市青白江区大弯镇。

涉及化学品：氨。无色气体，有强烈刺激性气味，刺激眼睛和呼吸道，嗅阈值为 1 ～ 5 毫克 / 米³，极高浓度的氨气吸入会导致人体急性中毒或死亡。美国基于刺激性的环境空气目标水平值为 1.8 毫克 / 米³，我国的恶臭一级标准为 1.0 毫克 / 米³。该物质易溶于水形成氨水，对水生生物有较强的毒性。

事故经过：

2004 年 2 月 20 日下午，沱江边陆续发现零星死鱼，至 27 日出现大规模的死鱼现象。简阳市环境监测站 2 月 27 日至 3 月 1 日对沱江江水的监测结果表明，沱江入简阳境内宏缘段断面水体氨氮高达 51.3 毫克 / 升，亚硝酸盐氮 2.41 毫克 / 升。石桥取水点断面氨氮高达 46.7 毫克 / 升，亚硝酸盐氮 1.82 毫克 / 升。简阳市环境监测站作出判断，氨氮含量严重超标，氨氮污染是沱江简阳段死鱼的主要原因。2004 年 3 月 1 日，四川省内江市环境监测站在开展例行监测时发现沱江内江段氨氮浓度异常超标，经复核无误后立即上报四川省环保局，省环保局立即组织污染源排查。3 月 2 日中午四川省环保局查明事故的责任者是川化股份有限公司，并于当日下午责令川化股份有限公司立即切断污染源，责成青白江区环保局对川化公司三个废水排放口每两小时监测一次，并紧急通知沱江流域环保部门立即对断面和水厂取水点进行加密监测。沱江中、下游资阳、内江等地政府为确保人民群众饮水安全，停止了相关 21 个自来水厂的供水，近 100 万群众饮水中断。3月2日下午，简阳市政府紧急贴出"暂时停止饮用自来水"的通知，简阳市民饮用水开始告急。紧接着，沿沱江约62公里的污染带上的两岸城市也停止在沱江取水和供水。资中、内江市民饮用水也开始告急。沱江是内江市民饮用水的唯一水源，遭受特大污染后，为满足居民生活用水基本要求，只有远赴约40公里外的自贡取水。受灾地区矿泉水很快脱销，居民开始使用井水或者排队从政府组织的消防车处取水，沿江数十家工业企业和上千家饭店、茶楼、娱乐场所因水源污染被迫停产关闭。如此大范围停水是近年来全国之最，情况十分严重。为消除污染影响，尽快恢复供水，在四川省政府的统一指挥、协调下，采取了以下措施：一是要求川化股份有限公司立即停止生产，停止排放，切断污染源；二是要求水利部门立即通过都江堰从岷江调水，从源头上加大沱江下泄流量，同时，要求沱江中游所有梯级电站水库开闸放水，加快污染团下泄速度；三是要求环保部门开展沿江加密监测，准确掌握污染团移动的情况；四是要求相关政府立即落实第二水源，尽快解决供水问题；五是当污染水团通过内江段后，要求水利部门关闸蓄水，根据长江流量和污染水团浓度控制下泄流量，确保长江出省断面氨氮达标；六是要求川化股份有限公司彻底整改，并在四川省环保局的严格监督下和确保沱江水质达标的情况下，尽快恢复生产；七是严肃追究相关责任。经过近20天的应急处置，沱江水质基本趋于稳定，污染基本消除；在四川省环保局严格监督下，经过60天的生产调试，川化股份有限公司在不污染环境的条件下实现了成功开车。

据统计，此次沱江污染导致沱江沿岸死鱼50多万公斤，共造成简阳、资中、内江近百万人停水26天，同时导致沿岸工业企业及服务行业大面积停产停业，直接损失约2.19亿元，沱江生态环境遭到严重破坏，至少需要5年时间方可恢复至事故前水平。

事故原因和教训：

经调查，2004年年初，川化集团下属川化股份有限公司二化分厂"合成氨装置1 000吨/天改造至1 200吨/天，尿素装置1 620吨/天改造至

2 460 吨 / 天技改项目"，在未报经四川省环保局取得试生产批复的情况下，擅自投料试生产。在试生产过程中，工艺冷凝液水解、汽提装置解吸塔塔盘垫圈破碎，碎片随工艺冷凝液进入解吸塔给料泵，导致给料泵损坏。企业立即启动备用给料泵系统，并同时将损坏的给料泵送大连生产厂家维修。在返回厂家的给料泵尚未修好时，备用给料泵系统再次损坏，工艺冷凝液水解、汽提装置完全失去功能，高浓度氨氮工艺冷凝液无法处理。为不中断工艺调试进程，企业没有立即停止试生产，而是直接将未处理的工艺冷凝液外排环境水体，又恰逢沱江处于极枯水期，终致沱江大面积严重污染。

（1）设计失误是导致工艺冷凝液处理装置损坏的原因。设计单位未按原装置设计单位日本东洋工程公司要求，擅自将解吸塔塔盘垫圈由石棉橡胶垫改为柔性石墨垫，是导致解吸塔塔盘垫圈破碎的根本原因。垫圈碎片的堵塞是导致给料泵损坏并致使整个水解、汽提装置失效的原因。这一事件暴露出我国在技术引进消化过程中存在消化不良的问题。

（2）川化股份有限公司严重忽视环境保护、缺乏社会责任是导致事故的根本原因。川化股份有限公司严重忽视环境保护，自建厂多年来废水一直严重超标排放。作为国有大型企业，不服从环保部门监管，在此次事故中，未经申报批准擅自违法开工试生产，在环保设施完全失效的情况下，毫无环保观念和社会责任，将高浓度氨氮废水直接外排，是导致此次事故的根本原因。

（3）当地环保部门麻痹导致了污染事态的扩大。从企业环保设施完全失效后高浓度氨氮废水直接外排开始，到四川省环保局强行切断污染源排放，共持续了 22 天。期间当地环保部门对此无所作为，严重监管失职。

（4）环保部门在大型国有企业面前的弱势地位是企业严重忽视环境保护和环保部门监管不到位的主要原因。在我国当前政治环境下，国有经济部门的影响力远大于环保部门，大型国有企业的级别远高于当地环保部门，环保部门的监管不力实际上反映了在对大型国有企业环保监管上的无奈。在本次事件中，当四川省环保局分管副局长带领的调查组根据流域排查和对川化股份有限公司排污口监测的情况，已经确定川化股份有限公司为事故的责任单位后，川化股份有限公司仍以各种理由拒绝停止试生产、拒绝调查组进入厂区开展调查，直至四川省省委、省政府作出要严肃处理的指示之后才停止试生产和排污。环保部门的弱势地位是环境监管难以到位的主要原因。

（5）此次污染事故对环境、社会造成了极大的损失，代价沉重。污染事故期间共排放氨氮 1 759 吨，造成沱江中下游百万人饮水中断，出现大量死鱼，水生态功能遭受严重破坏，给社会生产、生活造成巨大影响，直接经济损失已经超过 1 亿元。川化股份有限公司的停产直接涉及近 2 万职工和 5 万家属的生活问题，直接影响了青白江区的社会稳定。在责任追究中，公司总经理、分管副总经理和环保处长三名企业领导和分管副局长、监理站站长、监测站站长三名当地环保局领导被判处三年有期徒刑。

2004 年重庆 "4 · 16" 天原化工厂氯气泄漏爆炸事故

时间和地点：2004 年 4 月 16 日，重庆市江北区天原化工厂。

涉及化学品：氯气。黄绿色、高毒类、有强烈刺激性气味的气体，易溶于水、碱液。侵入途径：吸入。对眼、呼吸道黏膜有刺激作用。轻度者有流泪、咳嗽、咳少量痰、胸闷、出现气管炎的表现；中度中毒发生支气管肺炎或间质性肺水肿；重者发生肺水肿、昏迷和休克，可出现气胸、纵隔气肿等并发症。吸入极高浓度的氯气，可引起迷走神经反射性心跳骤停或喉头痉挛而发生"电击样"死亡。皮肤接触液氯或高浓度氯，在暴露部位可有灼伤或急性皮炎。氯气不会燃烧，但可助燃。一般可燃物大都能在氯气中燃烧，一般易燃气体或蒸汽也都能与氯气形成爆炸性混合物。氯气能与许多化学品如乙炔、松节油、乙醚、氨、燃料气、烃类、氢气、金属粉末等猛烈反应发生爆炸或生成爆炸性物质。它对金属和非金属几乎都有腐蚀作用。

事故经过：

事故发生前的 2004 年 4 月 15 日白天，重庆天原化工厂处于正常生产状态。15 日 17 时 40 分，该厂氯氢分厂冷冻工段液化岗位接厂调度令开启 1 号氯冷凝器。18 时 20 分，氯气干燥岗位发现氯气泵压力偏高，4 号液氯贮罐液面管在化霜。当班操作工两度对液化岗位进行巡查，发现氯冷凝器有异常，判断 4 号贮罐液氯进口管可能有堵塞，于是转 5 号液氯贮罐（停 4 号贮罐）进行液化，其液面管也不结霜。21 时，当班人员巡查 1 号液氯冷凝器和盐水箱时，发现盐水箱氯化钙（$CaCl_2$）盐水大量减少，有氯气从氨蒸发器盐水箱泄漏，从而判断氯冷凝器已穿孔，约有 4 立方米的 $CaCl_2$ 盐水进入了液氯系统。发现氯冷凝器穿孔后，厂总调度室迅速采取 1 号氯冷凝器从系统中断开、冷冻紧急停车等措施，并将 1 号氯冷凝器壳程内 $CaCl_2$ 盐水通过盐水泵进口倒流排入盐水箱，将 1 号氯冷凝器余氯和 1 号氯液气分离器内液氯排入排污罐。15 日 23 时 30 分，该厂采取措施，开启液氯包装尾气泵抽取排污罐内的氯气到次氯酸钠的漂白液装置。16 日 0 时 48 分，正在抽气过程中，排污罐发生爆炸。1 时 33 分，全厂停车。2 时 15 分左右，排完盐水后 4 小时的 1 号盐水泵在静止状态下发生爆炸，泵体粉碎性炸坏。

险情发生后，该厂及时将氯冷凝器穿孔、氯气泄漏事故报告了化医集团，并向市安监局和市政府值班室作了报告。为了消除继续爆炸和大量氯气泄漏的危险，重庆市于 16 日上午启动实施了包括排险抢险、疏散群众在内的应急处置预案，16 日 9 时成立了以一名副市长为指挥长的重庆天原化工厂"4·16"事故现场抢险指挥部，在指挥部领导下，立即成立了由市内外有关专家组成的专家组，为指挥部排险决策提供技术支撑。

经专家论证，认为排除险情的关键是尽量消耗氯气，消除可能造成大量氯气泄漏的危险。指挥部据此决定，采取自然减压排氯方式，通过开启三氯化铁、漂白液、次氯酸钠三个耗氯生产装置，在较短时间内减少危险源中的氯气总量；然后用四氯化碳溶解罐内残存的三氯化氮（NCl_3）；最后用氮气将溶解 NCl_3 的四氯化碳废液压出，以消除爆炸危险。10 时左右，该厂根据指挥部的决定开启耗氯生产装置。16 日 17 时 30 分，指挥部召开全体成员会议，研究下一步处置方案和当晚群众的疏散问题。17 时 57 分，专家组正向指挥部汇报情况，讨论下一步具体处置方案时，突然听到连续两声爆响，液氯贮罐发生猛烈爆炸，会议被迫中断。据勘察，爆炸使 5 号、6 号液氯贮罐罐体破裂解体并形成一个长 9 米、宽 4 米、深 2 米的炸坑。以坑为中心，约 200 米的地面和建筑物上有散落的大量爆炸碎片，爆炸事故致 9 名现场处置人员因公殉职，3 人受伤。

爆炸事故发生后，党中央、国务院领导高度重视，中央领导同志对事故处理与善后工作作出重要指示，国家安监局副局长亲临现场指导，并抽调北京、上海、自贡共 8 名专家到重庆指导抢险。这个过程一直持续到 4 月 19 日，在将所有液氯贮罐与汽化器中的余氯和 NCl_3 采用引爆、碱液浸泡处理后，才彻底消除危险源。

事故原因和教训：

事故调查组认为，天原"4·16"爆炸事故是该厂液氯生产过程中因氯冷凝器腐蚀穿孔，导致大量含有铵的 $CaCl_2$ 盐水直接进入液氯系统，生成了极具危险性的 NCl_3 爆炸物。NCl_3 富集达到爆炸浓度和启动事故氯处理装置振动引爆了 NCl_3。

1. 直接原因

（1）设备腐蚀穿孔导致盐水泄漏，是造成 NCl_3 形成和聚集的重要原因。根据重庆大学的技术鉴定和专家的分析，造成氯气泄漏和盐水流失的原因是氯冷凝器列管腐蚀穿孔。腐蚀穿孔的原因主要有 5 个方面：一是氯气、液氯、氯化钙冷却盐水对氯冷凝器存在普遍的腐蚀作用；二是列管内氯气中的水分对碳钢的腐蚀；三是列管外盐水中由于离子电位差对管材发生电化学腐蚀和点腐蚀；四是列管与管板焊接处的应力腐蚀；五是使用时间已长达 8 年并未进行耐压试验，使腐蚀现象未能在明显腐蚀和腐蚀穿孔前及时发现。

调查中还了解到，液氯生产过程中会副产极少量 NCl_3。但通过排污罐定时排放，采用稀碱液吸收可以避免发生爆炸。但1992年和2004年1月，该液氯冷冻岗位的氨蒸发系统曾发生泄漏，造成大量的氨进入盐水，生成了含高浓度铵的 $CaCl_2$ 盐水（经抽取事故现场 $CaCl_2$ 盐水测定，盐水中含 NH_4^+ 与 NH_3 总量为 17.64 克／升）。由于 1 号氯冷凝器列管腐蚀穿孔，导致含高浓度铵的 $CaCl_2$ 盐水进入液氯系统，生成了约486公斤(理论计算值)的 NCl_3 爆炸物，为正常生产情况下的 2 600 余倍，是 16 日凌晨排污罐和盐水泵相继发生爆炸以及 16 日下午抢险过程中演变为爆炸事故的内在原因。

（2）NCl_3 富集达到爆炸浓度和启动事故氯处理装置造成振动，是引起 NCl_3 爆炸的直接原因。经调查证实，该厂现场处理人员未经指挥部同意，为加快氯气处理的速度，在对 NCl_3 富集爆炸危险性认识不足的情况下，急于求成，判断失误，凭借以前的操作处理经验，自行启动了事故氯处理装置，对 4 号、5 号、6 号液氯贮罐及 1 号、2 号、3 号汽化器进行抽吸处理。在抽吸过程中，事故氯处理装置水封处的 NCl_3 因与空气接触和振动而首先发生爆炸，爆炸形成的巨大能量通过管道传递到液氯贮罐内，搅动和振动了罐内的 NCl_3，导致 5 号、6 号液氯贮罐内的 NCl_3 爆炸。

2. 间接原因

（1）压力容器日常管理差，检测检验不规范，设备更新投入不足。①国家质量技术监督局《压力容器安全技术监察规程》（以下简称《容规》）第117 条明确规定："压力容器的使用单位，必须建立压力容器技术档案并由管理部门统一保管"，但该厂设备技术档案资料不齐全，近两年无维修、保养、检查记录，压力容器设备管理混乱。②《容规》第 132 条、第 133 条分别规定："压力容器投用后首次使用内外部检验期间内，至少进行 1 次耐压试验。"但该厂和重庆化工节能计量压力容器监测所没有按照该规定对压力容器进行首检和耐压试验，检测检验工作严重失误。发生事故的氯冷凝器在 1996 年 3 月投入使用后，一直到 2001 年才进行首检，2002 年 2 月进行复检，两次检验都未提出耐压试验要求，也没有做耐压试验，致使设备腐蚀现象未能在明显腐蚀和腐蚀穿孔前及时发现，留下了重大事故隐患。③该厂设备陈旧老化现象十分普遍，压力容器等安全设备腐蚀严重，设备更新投入不足。

（2）安全生产责任制落实不到位，安全生产管理力量薄弱。2004 年 2 月 12 日，重庆化医控股（集团）公司与该厂签订安全生产责任书以后，该厂未按规定将目标责任分解到厂属各单位和签订安全目标责任书，没有将安全责任落实到基层和工作岗位，安全管理责任不到位。安全管理人员配备不合理，安全生产管理力量不足，重庆化医控股（集团）公司分管领导和厂长等安全生产管理人员不熟悉化工行业的安全管理工作。

（3）事故隐患督促检查不力。重庆天原化工厂对自身存在的事故隐患整改不力，特别是该厂"2·14"氯化氢泄漏事故后，引起了市领导的高度重视，市委、市政府领导对此作出了重要批示。为此，重庆化医控股（集团）公司和该厂虽然采取了一些措施，但是没有认真从管理上查找事故的原因和总结教训，在责任追究上采取以经济处罚代替行政处分，因而没有让有关责任人员从中吸取事故的深刻教训，整改的措施不到位，督促检查力量也不够，以至于在安全方面存在的问题没有得到有效整改。"2·14"事故后，本应增添盐酸合成尾气和四氯化碳尾气的监控系统，但直到"4·16"事故发生时都未配备。

（4）对 NCl_3 爆炸的机理和条件研究不成熟，相关安全技术规定不完善。国家有关权威专家在《关于重庆天原化工厂"4·16"事故原因分析报告的意见》中指出，"目前，国内对 NCl_3 爆炸的机理、爆炸的条件缺乏相关技术资料，对如何避免 NCl_3 爆炸的相关安全技术标准尚不够完善"，"因含高浓度的 $CaCl_2$ 盐水泄漏到液氯系统，导致爆炸的事故在我国尚属首例"。这表明此次事故对 NCl_3 的处理方面，确实存在很大程度的复杂性、不确定性和不可预见性。故这次事故是因为氯碱行业现有技术下难以预测的、没有先例的事故，人为因素不占主导作用。同时，全国氯碱行业尚无对 $CaCl_2$ 盐水中铵含量定期分析的规定，该厂 $CaCl_2$ 盐水十余年未更换和检测，造成盐水中的铵不断富集，为生成大量的 NCl_3 创造了条件，并为爆炸的发生埋下了重大的潜在隐患。

（5）重庆 7 个主城区有危险品化工企业 69 家，它们与数百万市民朝夕相伴，城市规划存在严重缺陷。

根据以上对事故原因的分析，调查组认为"4·16"事故是一起责任事故。"4·16"重庆天原化工厂氯气泄漏爆炸事故的发生，留下了深刻的、沉痛的教训，对氯碱行业具有普遍的警示作用。

（1）天原化工厂有关人员对氯冷凝器的运行状况缺乏监控，有关人员对 4 月 15 日夜里氯干燥工段氯气输送泵出口压力一直偏高和液氯贮罐液面管不结霜的原因缺乏及时准确的判断，没能在短时间内发现氯气液化系统的异常情况，最终因氯冷凝器氯气管渗漏扩大，使大量冷冻盐水进入氯气液化系统。

（2）目前大多数氯碱企业均沿用液氨间接冷却 $CaCl_2$ 盐水的传统工艺生产液氨，尚未对盐水含盐量引起足够重视。有必要对冷冻盐水中含铵量进行监控或添置自动报警装置。

（3）加强设备管理，加快设备更新步伐，尤其要加强压力容器与压力的监测和管理，杜绝泄漏的产生。对在用的关键压力容器，应增加检查、监测频率，减少设备缺陷所造成的安全隐患。

（4）进一步研究国内有关氯碱企业关于 NCl_3 的防治技术，减少原料盐和水源中铵形成 NCl_3 后在液氯生产过程中富集的风险。

（5）尽量采用新型制冷剂取代液氨的生产传统工艺，提高液氯生产的本质安全水平。

（6）从技术上进行探索，尽快形成一个安全、成熟、可靠的预防和处理 NCl_3 的应急预案，并在氯碱行业推广。

（7）加强对 NCl_3 的深入研究，完全弄清其物化性质和爆炸机理，使整个氯碱行业对 NCl_3 有更充分的认识。

（8）加快城市主城区化工生产企业，特别是重大危险源和污染源企业的搬迁步伐，减少化工安全事故对社会的危害及其负面影响（注：该企业已于 2009 年搬迁至重庆市涪陵区白涛化工园区）。

2005 年京沪高速公路淮安段
液氯槽罐车泄漏事故

时间和地点：2005 年 3 月 29 日，京沪高速公路淮安段。

涉及化学品：氯气。性质见本书第 11 页

事故经过：

2005 年 3 月 29 日，山东济宁远达石化有限公司安排驾驶员兼押运员康某某和王某驾驶罐式半挂车到沂化公司购买液氯。该车行驶证核定载重为 15 吨，槽罐最大充装量为 30 吨。在未审查该车证件的情况下，业务员制订销售液氯 40 吨计划单，报经审批后对车辆严重超限充装液氯 40.44 吨。2005 年 3 月 29 日 18 时 40 分，当该车行驶至京沪高速公路沂淮江段时，汽车左前轮胎爆裂，车辆方向失控后撞毁道路中间护拦冲入对向车道，罐车侧翻在行车道内。此时车道内行驶的半挂车因避让不及，与罐车碰刮，导致罐车顶部的阀门被撞脱落，发生液氯泄漏。液氯泄漏后，驾驶员康某某、王某害怕中毒及承担责任，立即越过公路护网逆风逃至附近麦田。在逃跑过程中，王某用手机拨打"110"报警称：有辆装危险品液氯的半挂车在京沪高速公路淮阴北出口南 15 公里处翻车。康某某、王某在麦田里观望约 3 小时后离开现场，次日在南京投案自首。事故发生后，江苏省政府成立了"3·29"事故应急处理指挥部，立即将翻落高速公路面的液氯槽罐尽快拖离路面，采取措施消除危险源；统计详细受灾人数，妥善安置受灾群众；全力做好医疗救助工作，不惜一切代价，抢救受伤人员。淮安市紧急调动近 400 名部队、武警、公安消防官兵参加抢险救援，堵漏控制毒气源，

救治中毒人员。经现场专家反复确认，泄漏毒气为液氯挥发所致。当即泄漏了 10 多吨液氯，由于事发时当地风速很小，为 0.4～0.8 米／秒，因此，氯气不易扩散，地面浓度极高。到晚上近 21 时村民出现氯气中毒死亡情况。由于氯气浓度太高，周围 500 米内人已无法进入，部分重伤人员未能得到及时救治。晚上 21 时，事故抢险人员用木塞将槽罐法兰孔堵住，但氯气仍有泄漏。30 日上午，槽罐车被移至临时筑成的注有氢氧化钠溶液的土水池内，由于池水较浅，槽罐车未能全部没入水中，特别是法兰孔离水面较近，氯气不能与碱充分反应，仍有少量逸入空气中。31 日下午，由于木塞脱落，大量氯气从法兰孔喷出，使得逸入空气中的氯气成倍增加。至晚 22 时，槽罐中的液氯才处理完毕。4 月 1 日上午，槽罐车运离事故现场，当日傍晚，距事发地点 300 米以外的村民返回。4 月 2 日，对距事发地点 300 米以内的农田和农居地喷洒食用碱水。4 月 3 日，全部村民返回。

本次事故造成京沪高速封闭长达 20 个小时，污染波及淮阴区、涟水县 3 个乡镇 11 个村庄，受灾农作物面积 20 620 亩。此次事故对出事点下风向 1 000 米范围内的人员和动物造成了伤害，其中 500 米范围内发生人员和动物死亡。此次事故共死亡 28 人，以老弱病残者为主，300 多名村民受伤住院，组织疏散村民达上万人。参加抢险的消防战士和环境监测人员也有多人受到伤害，呼吸道和皮肤感染。家禽家畜死亡 15 000 多头，包括牛等大牲畜。

事故原因和教训：

（1）氯气属于高危险化学品，对司机和运输车辆必须有专门的规定和要求。此次事故存在的突出问题：运输车辆吨位太大，槽罐额定装载 10 多吨，一旦发生泄漏，就会造成恶性事故；此车装载超过 40 吨，无法保证车辆的安全运行，造成爆胎引起事故；驾驶人员素质差，发生翻车事故后，私自逃逸，未及时报案，使事故的处理失去了宝贵的时间。根据交通管理条例等规定，危险化学品运输需经公安交通管理部门批准后，按指定路线、时间、车道行驶。运输车辆必须悬挂明显危险货物运输标志，并携带所装运危险化学品的安全技术说明书等文件。

（2）在危险货物运输途中如发生燃烧、爆炸、泄漏、中毒等情况，驾乘人员必须根据承运危险化学品的性质，按规定要求采取相应应急措施，防止事态扩大，并及时向当地公安、道路管理部门报告，以便及时采取应急救援措施，消除危险源。

（3）危险化学品运输车辆应安装符合国家标准的汽车行驶记录仪和GPS 卫星定位系统，并配备安全防护、施救、监控设备。利用 GPS 平台对运输危险化学品的车辆进行全程监控，有效监控危险化学品运输事故，以便事故发生后实施应急救援。

（4）应科学制定监测方案并实施。比如根据本次氯气泄漏污染事故的特点，对大气、水质、植物体和土壤的应急监测的方案制定、因子确定、样品采集、样品前处理、实验室和现场测定没有照搬一般方案和标准方法，而是进行了科学的方法选择和修改，前期监测以氯气为主，后期同时监测氯气和氯化氢，从而客观真实且快速地监测出本次氯气泄漏污染事故对水、气、土壤和植物体在不同时间段的污染情况。故在污染事故应急监测中要具体情况具体分析，相关技术人员要在短时间内科学选择确立分析方法，才能取得正确有参考价值的数据。

（5）应加大应急监测能力建设。应急检测管、快速气体测定仪和实验室化学分析等对事故处理均起到有利作用，环境监测站特别是区域性环境监测站必须加大投入，配备针对本地区有可能发生事故的各种多功能现场快速监测设备，加强各种监测能力的建设。不能依靠单一设备或方法，才能在发生事故的应急监测中针对污染特点和目标要求开展监测，提供全面的技术支持。

（6）污染事故应急监测预案应全面。在污染事故应急监测预案个案中，一般只考虑市内工业污染源发生事故的预防、监测和处置，忽略了交通运输引发事故的处理办法，应加强移动风险源的应急监测演练，保证指挥正确、准备充分、反应迅速、行动敏捷、报告及时。

2005 年吉林石化公司苯胺装置爆炸污染松花江事件

时间和地点：2005 年 11 月 13 日，吉林省吉林市。

涉及化学品：硝基苯、苯胺等。硝基苯是可疑人类致癌物，对水生生物有毒，且具有长期持续影响。苯胺是可疑人类致癌物、致突变物，对水生生物有剧毒。

事故经过：

中石油吉化公司双苯厂位于吉林市江北龙潭区，占地面积 20 余万平方米，是亚洲最大的苯胺生产基地。2005 年 11 月 13 日，中国石油吉林石化公司双苯厂苯胺车间，由于操作人员违反操作规程，未关闭预热器蒸汽阀门，导致预热器内物料气化；恢复硝基苯精制单元生产时，再次违反操作规程，引起进入预热器的物料突沸并发生剧烈振动，导致硝基苯精馏塔发生爆炸，并引发了厂内其他装置及设施的连续爆炸。爆炸事故发生后，双苯厂及有关部门未能及时采取有效措施防止物料泄漏，且冷却循环水及抢救事故现场消防用水与残余物料的混合物等数十吨污染物质短时间内未经相关部门充分处理，直接排放到了松花江，引发了严重的水体污染事件。爆炸后的 13 时，吉林市消防支队 119 调度室接到报警，并立即调出市内 11 个消防中队、57 辆消防车、287 名指战员赶赴火场，吉化消防支队 5 个大队、30 辆消防车、140 人也同时赶赴现场。事故发生后，国家环保总局和吉林市有关主管部门决定增加松花江上游丰满水电站的下泄水量，以稀释污染物并沿松花江流域建立水质监测站点。11 月 13 日 16 时 30 分开始，环保部门对吉化公司东 10 号线周围及其入江口和吉林市出境断面白旗、松江大桥以下水域、松花江九站断面等水环境进行监测。14 日 10 时，吉化公司东 10 号线入江口水样有强烈的苦杏仁气味，苯、苯胺、硝基苯、二甲苯等主要污染物浓度均超过国家规定标准。松花江九站断面检出全部苯类指标，以苯、硝基苯为主，右岸浓度超标 100 倍，左岸浓度超标 10 倍以上。松花江白旗断面只检出苯和硝基苯，其中苯超标 108 倍，硝基苯未超标。随着水体流动，污染带向下转移。直到 11 月 18 日才将松花江污染的情况通报给黑龙江省政府，使得黑龙江省丧失了为减少损失采取有效措施的最好时机。11 月 20 日 16 时污染团到达黑龙江和吉林交界的肇源段，硝基苯开始超标，最大超标倍数为 29.1 倍，污染带长约 80 公里，持续时间约 40 小时。松花江江水是位于吉林市下游 380 公里拥有 300 万人口的哈尔滨市的主要水源。11 月 22 日下午，哈尔滨市人民政府才正式公布了松花江大面积水污染、市区将停水的真相。而哈尔滨市的环保监测部门也并没有及时对江水加以监测并将结果公之于众，以致市民不得不自发地在恐慌中采取自救措施，社会局势几近失控。松花江污染和哈尔滨停水事件引起了国家的高度重视。在事件发生后不久，国务院就指示地方和有关部门随时加强监测，提供准确信息，采取有效措施保障群众饮用水的安全和供应，并迅速地派出了工作组和专家组奔赴哈尔滨进行现场指导，温家宝总理也赴现场调研指挥。

国家环保总局 11 月 23 日向媒体通报，受中石油吉化公司双苯厂爆炸事故影响，监测发现苯类污染物流入松花江导致重大水污染事件。在国家环保总局正式向媒体通报松花江污染事件的十几个小时之前，哈尔滨市政府发布正式公告，决定关闭取水口，全市停水 4 天。随即启用松花江水体监测系统，实时发布监测信息，紧急调运饮用水供应市场，在城区里打出 945 眼深水井开采未污染的地下水，全力保障医院等重点部门的正常用水，保障超过 10 万人的特困群体的用水，关闭取水口，全速检修自来水厂。很快，这些措施稳定了局势，取得了成效。此外，市政府向城市居民提供了瓶装饮用水，并建议城市居民远离江岸区域，以避免可能的空气污染。

11 月 24 日，当污染物形成的化学浮油带抵达哈尔滨时，化学浮油带长达 80 公里，在 40 个小时内缓缓流过，松花江上水面青黑，发酸发臭。当时江水中硝基苯类污染物浓度超过国家饮用水标准值 33 倍以上。哈尔滨市政府关闭了城市自来水厂的取水口 4 天，直至污染物浓度降低至可接受的安全水平之下。实际上，从 11 月 13 日到 12 月底左右，松花江各江段依次承受着这难堪的一幕。

此外，松花江是俄罗斯境内流向鄂霍次克海阿穆尔河的一条支流。松花江干流在经过哈尔滨市 700 公里后，汇入位于中俄边界的黑龙江。后者是哈巴罗夫斯克区 150 万居民的主要饮用水水源。

在爆炸事故发生几天后，当化学浮油带到达俄罗斯境内阿穆尔河的哈巴罗夫斯克（伯力）时，其长度已达到 150 公里。在获知事故爆炸污染消息后，俄罗斯相关主管当局将瓶装饮用水的生产量从每天 75 吨增加到 1 525 吨，并设置了 165 个公共饮用水供给站点。

中国和俄罗斯两国政府相关部门在处理松花江污染事件的应急协调与合作方面达成一致，制订了中俄联合水质监测计划。应中国国家环保总局的邀请，联合国环境规划署派遣了专家组协助评估和减轻事故的影响。在这次突发环境事件中，化学污染物到达和穿越国际边境的时间有数周之久。

最后统计事故造成 8 人死亡，70 多人受伤，100 多吨硝基苯、苯胺等苯类污染物随消防污水未经收集处理直接排入松花江，造成严重污染。事故的直接经济损失估计为 6 908 万元。 松花江污染事件引起的环境污染，包括大气和水环境质量两方面的直接影响：一是爆炸造成大气质量下降，影响到厂区下风向的居民。二是污染物排放导致水体污染，主要受体有农作物、畜牧、水产品、旅游（以景观角度看）、水生生态（包括底泥）、供水水源（包括集中供水水源和分散供水水源）。经济损失包括经济活动损失、维护健康支出、恢复水质支出和生产安全事故损失。

事故原因和教训：

（1）爆炸的直接原因是岗位操作人员在停机进料后，未关闭预热器蒸汽阀门，导致物料气化。随后由于空气吸入系统、摩擦和静电等原因，导致硝基苯精馏塔发生爆炸，并引发其他装置及设施的连续爆炸。因此，企业应当制定和严格遵守操作规程，加强对岗位操作人员的安全培训。

（2）导致松花江流域严重污染的主要原因是事故释放的硝基苯、苯胺等苯类污染物未经收集处理，随消防污水直接排入下水道系统。因此，危险化学品生产和储存企业应当设置化学品泄漏围堰和事故应急池等收容设施。发生泄漏事故时，应当采取一切必要技术措施，防止泄漏化学品和事故消防污水未经妥善处理处置，排入下水道系统。在突发环境事件应急救援处置结束之后，事故企业应当采取有效措施，对损毁装置设备、收容的泄漏化学污染物进行安全无害化处理处置。

（3）许多化学事故产生的泄漏排放物都会穿越国界。作为应急计划的一部分，邻国之间应当建立化学事故信息通报和沟通渠道，尤其是毗邻国家。国际组织机构应当促进各国之间的化学事故信息通报与沟通。例如，2005年世界卫生大会通过的《国际卫生条例》中已就引起国际关注公共卫生事件的通报和报警制度作出了相应规定。如果化学泄漏事件发生在毗邻国家，将会导致污染物迅速进入邻国，在这种情况下，事先制定突发事件国际应急预案将是成功实施应急救援行动必不可少的重要内容。该事故还表明，国际组织机构（在该事故中为联合国环境规划署和世界卫生组织）应当建立适当机制，在化学事故发生后对相关国家提供支持帮助。各国的"国家突发环境事件应急预案"中还应当规定，发生化学事故时或者事故发生后，必要时可以请求国际组织提供援助。

（4）应急信息通报不及时、不充分甚至存在隐瞒的情况。应急信息是影响突发性事件防治成效的关键性因素，这是因为政府在突发性事件情景下的决策是以客观、真实、及时和充分的应急信息为前提的。如果应急信息不充分和不真实，那么政府选择的行动方案将无从谈起，就会浪费许多资源和时间。同时，应急信息的充分和真实也是公众实现知情权，进行自我救助的基础。在处理此次污染事件中，我国政府早期的应急信息通报速度不仅迟缓，重要信息的通报量明显不足，而且还存在隐瞒的情况，给相关政府部门的决策造成偏差，也侵害了公众的知情权，并在一定程度上造成了社会的混乱。

（5）应急储备不充足。应急储备主要包括应对突发性公共事件所需要的人力资源和物质资源，如具备专业知识的应急救援队伍、各类应急物资（水、电、石油、煤、天然气等）、应急设施（防灾抢险装备、检测仪器等）和专项应急资金。在处置各类突发性公共事件中，应急储备是否充足，会影响应急处置的进程和效果。在处理此次污染事件中，我国政府的应急储备并不充分，从而降低了处置实效。这主要体现为：第一，能够除去苯类等有害物质的活性炭纤维毡等过滤器材严重不足。第二，哈尔滨市饮用水资源储备明显不足。

案例 6

2005 年重庆 "11·24" 垫江县英特化工
有限公司爆炸苯系物泄漏事故

时间和地点：2005 年 11 月 24 日，重庆市垫江县。

涉及化学品：苯、甲苯、二甲苯。常温下为无色、透明、易挥发液体，比水轻，其蒸气比空气重，具有强烈的特殊芳香气味，不溶于水。侵入途径：吸入、食入、经皮肤吸收，其中苯为人类致癌物质，对中枢神经有麻醉作用，接触可能导致神志不清和死亡。为易燃、易爆有机物，与氧化剂能发生强烈反应。易产生和聚集静电，有燃烧爆炸危险。在较低处扩散到相当远的距离，遇明火会引着回燃。水中排入大量污染物时，水面会出现漂浮液体，并有刺激性气味，还会造成鱼类及其他水生生物死亡。

事故经过：

2005 年 11 月 24 日 11 时，重庆市垫江县英特化工有限公司一甲基乙烷反应釜因在生产过程中投加双氧水时速度过快，引发爆炸，造成 1 死 4 伤。反应釜中约 6 吨含苯物料爆炸燃烧。事故发生后，英特公司关闭排污口，大量液态苯系物滞留在排污沟中，从而造成环境空气中二甲苯超标，造成严重的大气污染，导致附近师生和居民 6 000 余人紧急疏散。由于消防冲水，造成未完全燃烧的苯系物（估算约 4 吨）流入新民桂溪河，之后经曹家河流入高滩河，最后进入龙溪河。龙溪河下游的长寿湖是长寿区的饮用水取水点，距爆炸地点约 100 公里，造成了严重的水体苯系物污染。事发后，重庆市环境保护局召开新闻发布会向媒体通报了有关情况。重庆市环境保护局、市环境监测中心、垫江县环境监测站三级联动，迅速启动了环境突发事件应急处置预案，及时组织现场采样监测，了解事故现场污染情况，科学制定监测布点方案，及时向上级部门提供了第一线的准确监测数据，为污染源的控制与处置提供了决策依据。

经环保部门监测，24 日下午，事故现场下游 1 500 米地表水中苯超标 148 倍，甲苯、二甲苯未超标。25 日上午，市环保局领导赶赴现场召集垫江县和长寿区的有关负责人开展了现场调查，并召开了处置工作会，提出了六点要求：一是长寿区严密监控入境断面并启动应急预案，确保饮用水水源安全；二是垫江县立即对爆炸现场的污染源进行安全处置，杜绝苯污染物再进入水体；三是针对苯的比重比水轻、漂浮在水面的有利特点，垫江县立即在受污染的河流沿线采取拦截、吸附等措施清除污染物，防止下移，确保污染物在垫江县境内得到清除，不能造成长寿湖污染；四是垫江县立即测算进入河流的苯量，并提供水文和气象资料，市环境科学研究院协助对污染物浓度和可能造成的危害程度进行预测；五是垫江县立即发布禁止沿岸居民使用河水及食用受污染的畜禽水产品的公告；六是市环境监测中心调动一切可以调动的力量，24 小时工作，全力加快监测速度，为行政决策提供科学依据；市环境监察总队对事故责任单位依法进行严肃调查处理。26 日 3 时监测结果表明，桂溪河 2 号断面苯超标 1.6 倍；曹家河 3 号断面水体中苯超标 17.8 倍；高滩河 6 ～ 9 号断面水体中苯达标；所有断面甲苯、二甲苯等苯系物达标。此外，长寿境内水体中苯、甲苯、二甲苯均达标。监测表明，目前事故排放的污水主要被截留在曹家河。

在本次事故应急处置中，国家环保总局、中国环境监测总站、四川省环境监测中心先后派出专家赶赴现场进行指导。至 25 日，爆炸现场周围环境空气中苯系物浓度达到评价标准，受灾害影响的居民陆续返回家园，师生返校上课。29 日凌晨，重庆垫江苯系物泄漏事故发生地下游高安镇和高峰镇两个断面苯、甲苯和二甲苯全部未检出，污染团不会对下游水质造成影响。本次苯系物泄漏污染事故未对高滩河和其下游的长寿湖饮用水水源地造成影响，无人畜中毒伤亡事件发生，环境污染警报解除。

事故原因和教训：

本次事故是一起安全生产责任事故处置不当引发的次生环境污染事故。

（1）违规操作是造成本次爆炸事故的直接原因。重庆英特化工有限公司工人未按规定程序和投加速度投加原料，造成反应釜内原料剧烈反应，是造成爆炸燃烧的直接原因。

（2）工作人员专业知识缺乏及安全观念淡薄是造成本次爆炸事故的间接原因。该公司工作人员多为就近招雇的城镇居民，其化工专业知识缺乏，对于本公司产品生产流程、反应机理以及危害性评估等方面的认识严重不足，安全防护意识薄弱。

（3）应急处置不当导致次生环境污染事件的发生。在爆炸燃烧事故发生后，垫江县消防人员环保意识不足，在灭火过程中，4.1 吨未燃烧的苯系物随消防水进入桂溪河，而桂溪河下游约 100 公里为长寿区集中饮用水水源地（长寿湖）取水点，造成次生环境污染事件的发生，给事故处理处置带来极大难度。

（4）安全管理方面的原因为企业安全生产责任制不落实。该公司安全生产管理不严，存在严重的指挥不当、违章作业问题。未按照有关安全标准对压力容器进行检验检测，没有进行安全评价和审查，对危险因素缺乏分析论证。

"11·24"重庆垫江县英特化工有限公司爆炸苯系物泄漏事故的发生，对有机化工行业具有普遍的警示作用。

（1）现场应急处置存在不足。英特化工因生产安全原因发生爆炸，引发环境污染事故，消防部门在灭火过程中对可能引发的环境污染未予充分重视，采取高压冲水灭火的方式，同时又未对灭火造成的废水采取必要的拦截措施，导致大量的苯系物进入环境造成水污染。苯系物燃烧完全后对环境的影响是非常小的，但进入环境却很难清除和降解。如果此次爆炸采用干粉灭火效果将更好，甚至在有效控制下让物料在反应釜中全部燃烧，反而不会对环境造成严重的污染。尤其是环保部门事后介入，工作十分被动，环境风险大，处置成本增加，而且还存在引发社会不稳定隐患的可能性。建议消防部门应与环保部门建立联防联控制度（目前重庆消防、安监等有关部门已与环保部门建立了联防联控制度）。

（2）应对危险源进行系统危险性分析和安全评价，制定切实可行的应急预案，加强设备管理，加强员工的安全教育培训。为了有效控制重大危险源，保障社会安全，对危险源应进行系统危险性分析和安全评价。制定控制重大危险源的安全措施，建立系统的应急预案。建立重大生产事故应急救援体系。修订完善并严格执行有关安全生产的国家和行业标准，提高安全生产技术水平。相关职能部门要按照法规规定的程序对工程项目进行审查审批，认真执行项目"三同时"制度，监督企业严格遵守国家有关安全生产标准，对违反国家和行业标准的行为给予严肃惩处。对可能造成社会灾害的企业及其下属单位开展社会性的宣传教育，把生产经营工程具有的潜在危险、可能发生的事故及危害、应急防护常识和避险措施告知社会公众，使当地人民群众了解可能发生事故的危害后果，掌握应急防护常识和避险措施。地方政府也应就本地可能发生的社会灾害性事故的有关知识开展宣传教育工作。企业一是要加强员工安全生产教育培训，增强员工的安全防范意识。二是要加强生产设备管理，加快设备更新步伐，尤其要加强压力容器与压力的监测和管理，杜绝泄漏、爆炸、燃烧等事故的产生。对在用的关键压力容器，应增加检查、监测频率，减少设备缺陷所造成的安全隐患。三是要完善应急预案，制定切实可行的应急措施，力求把事故损失和危害降至最小。

（3）环境监管能力薄弱。此次英特化工发生爆炸后，由于垫江县环境监测站缺乏相应设备，不能开展苯系物监测，而邻近县也不具备这类污染物的监测能力，导致所有大气和水样都必须送往市环境监测中心进行分析，加上样品实验分析时间，个别断面的现场取样与出监测结果的时间相差近6个小时，对提出决策和及时采取应急措施造成困难。为确保万无一失，只有通过加长监控河段，增加监测断面的方式弥补环境监测能力薄弱的不足。同时，市环境监测中心的监测仪器几天连续不间断运行，也存在发生故障的巨大风险。而且，在当时，市环境监测中心缺乏在现场进行快速应急监测的仪器，因而全市对环境突发事件的应急处理能力有待加强，尤其是区县（自治县、市）的应急处理能力更弱。建议各级政府以此为鉴，切实加强环境监管能力建设，尤其是加强基层环境监管能力和环境突发事件应急处置能力建设。

2005 年广东韶关冶炼厂 "12·16" 北江镉污染事件

时间和地点：2005 年 12 月 16 日，广东省韶关市。

涉及化学品：镉。具有较强毒性，对人体、鱼类及其他水生生物和农作物生长都具有很大危害，能在人体内积蓄，使肾脏器官等发生病变。

事故经过：

2005 年 11 月 19 日至 12 月 16 日，广东省韶关冶炼厂在废水处理系统停产检修期间，违法将大量高浓度的含镉废水排入北江，致使北江受到严重污染，北江韶关段镉浓度超标 12 倍。据专家测算，此次污染事件中约 1 000 立方米镉浓度为 197 毫克／升的废水排入北江，超标排入北江的镉总量约为 3.63 吨，造成污染带长度近百公里。12 月 17 日下午，韶关冶炼厂下游 50 公里处的英德市南华水厂取水口镉浓度超标 5.2 倍，被迫关闭取水口。冶炼厂下游 70 公里处的英德市云山水厂镉浓度超标 1.6 倍。19 日晚，距韶关冶炼厂下游 20 公里的沙口断面镉超标 8.4 倍。

经联合专家组建议，实施削峰降镉、调水稀释等一系列处置决策。一是配合各水库水量调控措施，对镉浓度超标 3 倍以上的河段水体，在白石窑水库涡轮机进水口投加絮凝剂，使镉浓度降低 30％以上，再加上飞来峡水库的稀释，可使飞来峡水库出水镉浓度控制在每升 0.01 毫克以下。在西江每秒 150～200 立方米水量的补给下，可以使三水以下河道的水质达到或接近地表水环境质量标准，最大限度地减轻对下游的影响。二是为确保向居民供水，建议在南华水厂供水系统实施除镉净水示范工程，通过调节 pH 值和絮凝沉淀措施，在水厂入水镉浓度为 0.04 毫克／升的情况下，出水镉浓度可降到 0.005 毫克／升以下。试验工程成功后，可指导清远、佛山、广州的供水设施改造，保证在污染带通过上述城市时，即使地面水不能完全达到地面水环境质量标准，也能有效保障城市供水安全。

12 月 23 日，在北江河流经过的白石窑水库涡轮机进水口投加絮凝剂，同时对各水库实施水量调控措施，最大限度地减轻污染对下游的影响。投料工作实施直至 29 日，河水中镉浓度稳定在 0.23 毫克／升左右。29 日开始实施分隔稀释工程，即关停白石窑电站水闸 3 天，减缓污染带向下游移动的速度，使白石窑断面含镉污染物进一步得到稀释，以求飞来峡出水镉浓度降到更低。多项镉削减工程的实施使镉浓度峰值削减了 27%，减少水体中的镉约 800 公斤。到 2006 年 1 月 7 日，飞来峡出口断面 24 小时镉浓度均值为 0.009 2 毫克／升，出水镉浓度连续 13 日总体浓度低于 0.001 毫克／升，达到生活饮用水卫生标准。

此次污染事件造成直接经济损失 655 万元，间接损失 2 726 万元，除南华水厂停水 15 天外，其他地方没有发生停水事故，也没有发生一例人畜中毒事故。经过 40 天的奋战，2006 年 1 月 26 日解除了污染警报。

事故处理处置：

1. 全面开展污染源排查，切断污染源头

12 月 20 日，广东省政府作出了韶关冶炼厂立即停止排放含镉废水的决定，该厂于 21 日晚 19 时 30 分停止排污。为彻底切断污染源，广东省环保局会同韶关市委、市政府组织力量对北江韶关段排污企业进行地毯式排查，重点加强对小冶炼厂等小型企业的监管，排查企业 300 多家，关停企业 43 家。同时，清远、肇庆、佛山、广州等市也深入开展北江沿岸地区排放含镉废水企业的排查工作，排查企业 312 家，发现排放含镉废水的企业 10 家，责令其中 9 家停止排污。

2. 实施联合防控工程，确保飞来峡出水水质目标

联合专家组深入事故现场，认真调查研究，提出了实施白石窑水电站削污降镉工程、联合流域水利调度工程、南华水厂除镉净水示范工程等一系列建议。应急领导小组果断决策，全部采纳了专家组的建议，7 天共投加药剂 3 000 吨，联合流域水利调度工程从 23 日 20 时至 30 日 20 时向污染河段补充新鲜水 4 700 万立方米。白石窑水电站削污降镉工程停止后，继续实施联合流域水利调度工程，将污染水团分隔在白石窑和飞来峡两个库区进一步稀释，累计从水库和飞来峡以上未受污染的天然河道向受污染的河道补充新鲜水量 3.2 亿立方米，有效降低了镉浓度，确保了飞来峡出水水质镉浓度总体达到 0.01 毫克 / 升的目标。

3．实施供水系统应急改造，确保沿江城镇用水安全

按照应急领导小组的部署，沿江各市及时启动了饮用水水源应急预案，确保城镇用水安全。英德市于 12 月 21 日 22 时紧急接通了全长 1.4 公里的备用水源输水管道，启用长湖水库备用水源，及时解决了 16 万人的饮水问题。南华水泥厂所属水厂应急除镉净水示范工程于 12 月 25 日完成，在进水镉浓度为 0.027 毫克 / 升的情况下，出厂水镉含量降至 0.002 2 毫克 / 升，优于生活饮用水检验规范要求，经冲洗供水管网和全面检验合格后，于 2006 年 1 月 1 日 23 时全面恢复了供水。在总结南华水厂除镉净水示范工程经验的基础上，英德云山水厂、清远七星岗水厂先后于 12 月 30 日和 2006 年 1 月 3 日完成了应急除镉净水系统。清远市于 2006 年 1 月 3 日完成了市区供水管网并接工程，保证了居民生活正常供水。佛山、肇庆市均按照广东省的部署抓紧完成了北江沿线水厂的应急除镉系统或供水管网改造等工程。此外，英德市于 12 月 23 日紧急对沿北江两岸陆域纵深 1 公里以内的 3 968 口水井进行了认真排查，53 口水井的随机抽样检测水质全部达标。同时，派出渔政船、乡镇干部深入农村，以及通过广播、电视宣传等手段，挨家挨户通知群众不要直接饮用受污染的江水，确保了没有一个人饮用受污染的水。

4．加强监测，严密监控水质变化情况。

事故发生后，广东省环保局立即启动了应急监测方案，在北江流域共设立 21 个监测断面，统一时间，每 2 小时监测一次，并根据水质变化，及时调整监测方案，增加监测断面，加大监测频率。在整个事故应急中，从全省环保系统抽调人员和车辆，参与应急监测的人员共达 350 人／天，专用监测车辆每天 50 多台，分析样品 8 700 多个。同时，广东省环保局坚持每天召开两次水质情况分析会，及时报送水质情况专报，为领导进行科学决策、为事件应急处置提供可靠信息。

5．认真查明事故原因，严肃处理责任人员

经查明，这是一起企业严重违法超标排放工业废水导致的环境污染事故，韶关冶炼厂厂长张建伟已于 12 月 22 日晚被责令停职检查。此次事件共 10 人受到行政处罚，2 人作出书面检查，3 名直接责任人移送司法机关追究刑事责任。

6．坚持信息公开、正面引导，确保社会稳定

广东省政府按照国家环保总局周生贤局长、张力军副局长的正确建议，于 12 月 20 日即发出新闻通稿，向媒体公开了这次污染事故。其后，应急领导小组积极通过新闻媒体及时向社会发布污染事故处置进展情况，并从 12 月 24 日起每天向社会公布一期《北江韶关—清远段水质镉监测情况通报》，同时及时提供了《北江镉污染情况素材》，向境外媒体和外国驻穗领事馆通报了北江污染事故处置情况，避免了别有用心的人利用此事制造混乱。信息公开和新闻报道为应急处置工作创造了有利的舆论和社会环境，维护了社会稳定。

事故原因和教训：

韶关冶炼厂在废水处理一、二系统停产检修期间，为了抢进度，将高浓度的含镉废水及含镉污泥直接排入北江，是一次严重的污染事故，它给环境保护敲响了警钟。

（1）要加强日常的执法巡查，建立企业污染处理设施停止作业备案制度。重点检查那些因为污染处理设施检修而停产的企业，防止企业随意排放未经处理的污染物。

（2）在污染事故发生之后，要集中多方面的力量进行应急处置。除镉

削峰工程对高浓度污染段的效果显著，而联合调水措施对低浓度污染段有更好的稀释作用，两者互为补充，是本次污染事件成功处置的关键技术措施。有针对性的应急计划应当包括应急专家的组成、应急资源的调配、重点保护企业的应对措施以及信息公开程序或办法，通过预先制订定应急计划，做到在污染事故发生之后能够有条不紊地采取应对措施，协调各方力量，防止行政职权行使上的混乱。

（3）信息公开，释疑解惑。此次北江镉污染事件处置工作涉及面广，及时准确的信息公开报道，既使群众及时了解了真实情况，又避免了媒体的不恰当炒作，为应急处置工作创造了有利的舆论条件和社会环境。

2006 年河南省柴油泄漏污染黄河事故

时间和地点：2006 年 1 月，河南、山东两省黄河下游。

涉及化学品：柴油。主要是由烷烃、烯烃、环烷烃、芳香烃、多环芳烃与少量硫（2 ～ 60 克/千克）、氮（<1 克/千克）及添加剂组成的混合物。柴油流入水体后，在水面形成薄膜，阻断空气中的氧溶解于水，水中氧浓度减少后，发生水质恶化，危害水生生物的生态环境，且污染水和水产品，危及人的健康。柴油对人的危害主要通过皮肤接触，经皮肤黏膜吸收而发生接触性皮炎，在皮肤大量接触后，个别人可能发生肾脏损害。

事故经过：

2006 年 1 月 5 日，郑州市和巩义市环保局在检查环保事故隐患时发现位于巩义市辖区的伊洛河水面有柴油污染，立即对上游重点污染源进行排查，发现巩义市第二电厂输油管道因天寒冻裂未及时发现，柴油罐外输油管正在漏油，检查人员立即通知该厂关闭输油阀门，但是仍有约 12 吨柴油未能及时控制在厂区内，经南石河外排，约 6 吨柴油进入伊洛河，部分柴油由伊洛河进入黄河，导致河南、山东两省黄河下游水质遭到污染。事发当日上午 10 时，泄漏柴油经黄河支流伊洛河流入黄河，包括省会城市济南市在内的 9 个沿黄地市的群众面临着饮水安全问题，迫使山东省境内的引黄取水口全部紧急关闭。

事故发生后，河南省政府高度重视，相关领导带队迅速赶赴现场研究对策，制定了一系列有针对性的应急措施，并立即筑起由船只挂活性炭或钢丝挂海绵的 9 道拦油带；紧急调运了 20 吨活性炭，32 车麦草和稻草，

7 车海绵和棕垫；紧急调集了 3 台移动监测车，分别在伊洛河和黄河布点，每小时监测一次；同时立即召集水利、环保等有关方面专家赶赴现场，分析研究应急处置对策。2006 年 1 月 6 日起，山东及河南两省站接到紧急指示，在中国环境监测总站的指导下，共同开展对河南和山东境内的黄河水质应急监测。

与此同时，事故指挥部立即向下游发布"预警通知"，要求采取有效措施做好应急预案，水利部黄河水利委员会也按照指挥部要求，加大了小浪底水库泄水量，增至每秒 600 立方米的流量，同时关闭伊洛河上游的两个水库泄水闸。河南省同时向全省发出紧急明传电报，要求各地对环境污染事故隐患进行认真排查，发现问题及时整改。

经过各方努力三门峡库区下排水质石油类浓度达到地表水Ⅲ类标准，黄河水质恢复正常。这次中石油输油管道漏油事故虽然只泄漏了 150 吨左右的柴油，却造成了渭河、黄河污染，威胁到陕西、河南、山西等沿岸地区的饮用水安全。柴油泄漏事故惊动了黄河沿岸各地政府乃至国务院的高层领导，一方面说明了政府对这一影响民生的污染事故高度重视，另一方面也说明了这次漏油事故影响之大。为保障饮用水安全，事故发生后，从环境保护部到地方环保部门立即行动起来，启动应急预案，加强水质监测，大力开展污染防控。此次污染事故虽然没有造成更大的危害和损失，却敲响了输油管道环境安全的警钟，必须引以为戒。

事故原因和教训：

（1）天气寒冷、气温低是造成输油管道冻裂的基本原因。据事故调查分析表明，该事故是由于天气寒冷，输油管冻裂，造成了柴油的泄漏。

（2）电厂疏于管理，未及时发现输油管道冻裂是事故发生的根本原因。虽然该事故是由于天气寒冷，将输油管冻裂，造成了柴油的泄漏，但是，该厂已有的巡察、检查制度未得到及时有效的实施和落实，巩义市第二电厂当班人员未及时发现泄漏问题。直至事发当日，郑州市和巩义市环保局在检查环保事故隐患时发现位于巩义市辖区的伊洛河水面有柴油污染，立即开始对上游重点污染源进行排查，发现巩义市第二电厂的柴油罐外输油管正在漏油，检查人员通知该厂后，厂方才发现漏油点，关闭了输油阀门。

（3）企业安全检查和事故应急预案不完善。该企业没有建立完善的有效控制重大危险源、保障社会安全的应急预案，未建立重大生产事故应急救援体系。应当修订完善严格的有关安全生产的制度、预案和规范，以提高安全生产技术水平。

（4）泄漏点距离水源太近。发生漏油事故的中石油公司兰郑长成品油输油管道渭南支线，投产仅一天就发生了漏油事故。值得关注的是，泄漏点距河岸只有约40米，距赤水河入渭河口约3公里，而赤水河入渭河口距离渭河入黄河口只有约70公里。尽管这次事故泄漏的柴油不算多，但是环境受影响的范围却相当广，因此在设计输油管道线路时，输油管要与河道保持一定的安全距离，即便绕不开，也应该采取设置缓冲区、应急池等措施，防止污染范围扩大，保障水环境安全。石油泄漏、爆炸等会造成环境空气、地表水、土壤、植被的污染，输油管道大多经过农田、河流等生态敏感地区，因此，在设计之初，就要认真开展环评，充分考虑到管线对沿线地区生态环境的影响，同时，更要进行环境风险评估。

2006 年徐州市 "4·4" 硝基苯泄漏事故

时间和地点：2006 年 4 月 4 日，徐州市三环西路故黄河桥附近。

涉及化学品：硝基苯。又名密斑油，淡黄色透明油状液体，有苦杏仁味，难溶于水，密度比水大，易溶于乙醇、乙醚、苯和油。作为有机合成中间体以及生产苯胺的原料，常用于生产燃料、香料、炸药等有机合成工业。该物质遇明火、高热或与氧化剂接触，有引起燃烧爆炸的危险，与硝酸反应剧烈。该物质吸入、摄入或皮肤吸收均可引起人员中毒，典型症状是气短、眩晕、恶心、昏厥、神志不清、皮肤发蓝，最后会因呼吸衰竭而死亡。

事故经过：

2006 年 4 月 4 日 10 时 40 分，一辆装载约 25 吨硝基苯的槽罐车，途经徐州市三环西路故黄河桥附近时，因避让前方汽车，侧翻在桥北首约 100 米的路东侧快慢车道之间，槽罐内装约有数吨硝基苯泄漏，现场周围能闻到明显刺鼻苦杏仁气味。翻车事故未造成人员伤亡、急性中毒情况。

4 月 5 日凌晨 1 时，徐州市环境监测中心站接到徐州市环保局值班室通知后，迅速启动应急监测预案，成立现场应急监测组并于凌晨 1 时 30 分到达现场，对地表水和大气进行点位布设和采样分析。监测结果显示，凌晨 2 时左右，事故发生地 300 米范围内环境空气中挥发性有机物污染严重超标，事故发生车辆上风向 50 米、离事故发生车 10 米、事故发生地周边低洼地公路下水道等监测点空气中挥发性有机物超标 61 ～ 467 倍，但范围不大，仅局限在事故现场。早晨 6 时，环境空气中的硝基苯超标严重，

8个测点的超标范围在132～438倍,污染范围约300米。上午9:30～10:05污染区域硝基苯平均监测浓度显著降低,最高值仍超过居民区安全浓度76倍。下午事故发生地风向为东偏北,以15:30～16:25事故现场下风向60米范围内超标比较严重,超标倍数在10～18.2倍之间。4月6日上午10:40～10:50,事故点上风向空气中硝基苯超标12倍,事故点硝基苯超标8倍,事故点下风向硝基苯超标分别为13倍和11倍。污染区域硝基苯平均监测浓度较4月5日显著降低,但超标仍然比较严重。

　　4月5日12个水质监测点的超标范围为0～132倍,范围在事故现场约200米内。下午15:25～15:55,事故发生地北50米硝基苯浓度比上午明显下降且不超标,事故发生地排污沟入故黄河口处硝基苯超标25倍;西苑桥西北10米市政排污沟内超标0.9倍;故黄河西苑桥断面未检出。4月6日上午10:40～10:50,事故发生地北50米市政排污沟内、西苑桥西北10米排污沟水中硝基苯均未超标;事故发生地排污沟入黄河口硝基苯超标31～42倍,超标严重。

　　在事故处理过程中,采取了撤离无关人员,严禁明火,用砂土、泥块阻断漏液蔓延、吸收残液等措施,并于当天下午封闭了事故现场东5米范围内的两眼民用手压井,事故现场东侧汽车小修理部门前仍残留覆盖的沙土也予以及时清理、处置。上述措施使得硝基苯泄漏污染状况得到控制,避免了事故的进一步扩大。

事故原因和教训:

1.严格坚持检查执法制度,源头上加强防范

　　环保部门应协同公安、消防、卫生防疫等部门应统一行动,有组织地对本地区可能产生事故的部门进行调查。加强执法检查,联合开展整顿治理行动,加大对非法违法生产、经营、运输等行为的打击力度。

　　特别是对有毒有害化学品运输,工业废水、废渣处置,放射性源管理等应制定严格的管理规章制度,前瞻性地消除事故隐患。

2. 提高认识，加强宣传和演练

强化危险化学品运输从业人员的安全意识，广泛开展应急宣教培训，提高政府、企事业单位领导及群众团体对突发性事件的警觉和认识，广泛宣传污染事件应急处理处置和紧急救援的知识与技能；相关人员要掌握自救互救知识，提高防御事故的能力；生产经营单位制定和完善应急预案，加强专项救援演练，提高救援的针对性、有效性、操作性，使得处置及时有效，一旦发生事故，要尽可能降低污染事件的危害程度。

3. 应急监测反应能力与技术水平是做好应急处置的有力保障

在应急监测人员方面，要组建专业应急监测队伍，加强监测人员的技术培训与实战演习，强化应急反应能力；在应急监测技术方面，应以迅速、准确地判断污染物种类、污染物浓度、污染范围及其可能的危害为核心内容，重点解决应急监测中检测手段、仪器、设备等硬件技术。本次事故监测工作技术支持有力，很好地为处置提供了科学依据。

案例 10

2006 年国道 319 线铜梁县西泉段环氧乙烷
罐车交通事故

时间和地点：2006 年 4 月 17 日，国道 319 线重庆市铜梁县西泉段。

涉及化学品：环氧乙烷。在低温下为无色透明液体，在常温下为无色带有醚刺激性气味的气体。中枢神经抑制剂、刺激剂和原浆毒物。易燃易爆，不宜长途运输。

事故经过：

2006 年 4 月 17 日 7 时 50 分，一辆装有 18 吨环氧乙烷，从广东开往四川遂宁的化学品运输罐车在 319 国道铜梁境内西泉段一"V"形长下坡拐弯处发生侧翻，罐体与路旁岩壁剧烈撞击，随即起火，整个罐车立即被巨大火球包围，火苗约 20 米高。距罐车 2 米处的小山上的植物被烧光，距离罐车较近处的岩石被烤裂垮塌。货车驾驶员迅速跳下车并拨打"119"报警。

接到应急求救电话后，铜梁县委、县政府高度重视，立即启动应急预案，并成立了以副县长为组长的应急救援指挥部。在指挥部的指挥下，在现场 500 米外设置警戒线，封闭了道路并全力控制火势，消防员蹲伏在公路外沿的护栏下，从 10 米外喷水给罐体降温（冷却罐体的水沿公路边的排水沟往山下流）；公安、交通部门疏散车辆和过往群众；卫生部门派出两辆"120"救护车随时准备救援伤员。

根据环氧乙烷及燃烧产物的特性，重庆市环境监测中心及铜梁县环境监测站利用袖珍式爆炸和有毒有害气体检测仪测定了敏感点周围环境中的

41

挥发性有机物和可燃气体浓度水平，并采集消防冷却废水及下游地表水水样送到实验室分析甲醛。铜梁县政府组织相关部门及人员拦截污染水体，防止外流。

4月20日，经过连续三天的燃烧，车内和泄漏的环氧乙烷燃烧殆尽。在安检部门和消防部门的指导和配合下，事故车体被吊起并安全移出事故区，319国道就此全线通车。环境应急监测数据表明，此次事故并未对嘉陵江一级支流小安溪河水环境安全造成重大危害。

事故原因和教训：

1. 驾驶员操作不当是事故的直接原因

经现场勘察和调查，认定这起事故的直接原因是驾驶员安全意识淡薄，驾驶车辆速度较快，长下坡拐弯时操作不当。

2. 肇事车挂靠单位和政府有关单位监管不力是造成事故的重要原因

（1）肇事车挂靠单位：没有针对挂靠车辆点多面广的特点，制定具体的管理规定和采取有效的管理措施。没有落实国家关于危险化学品车辆白天连续行驶一定里程后需由持相应驾证的人员换班的相关规定。肇事车辆没有安装行驶记录仪或定位系统，使事故发生时不能及时有效获取信息；没有配备足够的消防器材，导致事故发生第一时间不能采取有效的灭火措施将火势控制。

（2）铜梁县政府有关单位：对途经辖区的危险化学品车辆没有进行有效检查、登记备案，路面管控措施及危险化学品安全运输宣传措施不力。事故发生后，国道319封闭，造成了大量的客货运输中断。

3. 应急处置不当险些造成人员伤亡次生事件

环氧乙烷理化性质特殊，极不稳定。较好的处置方式是迅速疏散周边群众，用水枪给罐体降温，让其缓慢燃烧（其燃烧分解产物为一氧化碳和二氧化碳）。如处置急于求成，则很容易发生爆炸，造成事态扩大。此次事故救援中，在车内尚存少量环氧乙烷，未能判定是否绝对安全时，指挥部未经充足论证就命令消防人员向车体内喷水，引发了罐体内爆炸，爆炸气浪掀翻了离罐体最近的两名消防人员。幸好环境应急监测人员携带的便携式易燃易爆气体检测仪报警，及时通知罐体附近的处置人员快速撤离，才未有人员伤亡次生事件发生。

此次事故给我们的教训：

（1）严格建立危险化学品运送联单制度，对危险化学品的运输实施全过程监控；

（2）对运送危险化学品的从业人员实行资格证书管理，加强职业操守教育，同时严禁驾驶员疲劳驾驶和违规驾驶；

（3）现场处理指挥部人员必须尊重科学和专家意见，不能盲目指挥，否则难免因指挥不当而造成更大的损失。

2006 年深圳 "5·4" 龙大高速公路
镉泄漏污染事故

时间和地点：2006 年 5 月 4 日，深圳市龙大高速水朗收费站附近。

涉及化学品：氧化镉。常温下为棕红色结晶体，在空气中吸收二氧化碳，变成碳酸镉，颜色逐渐变白。溶于稀酸，缓慢溶于铵盐，几乎不溶于水。主要用于镉电镀液和镍镉电池的生产，可致癌且有剧毒，属危险化学品，为一类污染物。

事故经过：

5 月 4 日早上 7 点多，一辆半挂货车因车辆严重超载、车速过快，在龙大高速水朗收费站附近高速公路入口匝道处发生侧翻事故，所载化学品及废料散落在路面。翻车地点为深圳市水源保护区域，下游是深圳市的主要饮用水水源地石岩湖。

肇事司机于 8 时 08 分报警，梅观交警大队民警于 8 时 30 分到达现场。由于肇事司机未讲明车载物品种类和危害性，民警发现有一个倒着的桶里面有片状物，并无异味，于是按照一般交通事故程序进行处理，封锁路面并将肇事车辆车头拖离，同时安排另外一辆卡车计划转运车载物品。直到当天晚上 19 时 05 分，在获悉该车装载货物为危险化学品后，梅观交警大队立即报市公安局交警指挥中心，随后接报的市公安局指挥中心和深圳市环保局等相关部门赶赴现场协助处理。肇事车辆所载化学品是广东省陆丰市威海德公司从湖南采购，计划进行回收利用，随后发现这批物品回收利用价值不大，于 5 月初转卖给河南省新乡市戚女士，并与其约定运至深圳布吉交货,再运往河南省新乡市。肇事司机未能提供有关危险化学品名称、单据和运输许可等相关文件。深圳市环保局对扣押的事故化学品进行清点和鉴别。经清点,这批化学品及废料共重47.23吨(主要有害成分为氧化镉),分装在598个铁桶和8个编织袋内,其中,属于危险化学品的电池阴极活性材料粉共15.7吨(以氧化镉为主,镉含量为88.8%),其余为镍镉电池边角料共计31.53吨,包括电池阴极材料30.58吨、镀镍钢带0.95吨。

为防止这些散落的化学品对周围环境造成污染,深圳市环保局现场研究确定了"装袋-吸尘-冲洗"的现场清理方案。第一,将散落在地面上的废镍镉极板和其他化学物铲入装袋,在公安车辆的押送下由专用的危险废物运输车运至危险废物安全填埋场暂存扣压;第二,对现场进行清理,散落的化学品及废料清装完毕后,采用吸尘器将散落到路面的粉尘尽量收集,送至安全填埋场,经稳定化处理后安全填埋;第三,为对现场进行彻底的清理,在事故路面用沙包筑起临时围堰和收集沟,将残留在路面上的粉尘用高压水枪进一步冲洗,然后用吸污车抽吸冲洗水及泥浆,运至市危险废物处理站进行无害化处理。另外,为避免化学品和处理过程的清洗水通过石岩河进入石岩水库,对石岩河水进行全部截排,在石岩河口通过橡胶坝对河水进行拦截,并通过浪心泵站截排至水库流域处。同时根据事发地的地表水流向在石岩河、石岩水库设置3个监测断面进行水质连续监测,以及时掌握污染扩散情况。

至5月5日凌晨2时10分,在市、区有关部门和预备役防化团的积极参与和大力支持下,经过5个多小时紧张处理,所有散落的化学品以及溢出物全部清理装袋完毕,现场进行了彻底清洗,当晚应急清理工作暂告一段落。

从水质和土壤监测结果看,除了事发时现场附近的土壤和地表水受到污染外,石岩河和石岩水库水体的镉含量未检出,符合国家地表水环境质量标准,表明石岩水库水质未受到事故的影响。

事故原因和教训：

1. 及时响应、措施得当是避免污染扩散的保证

在事故处理初期，由于当时司机未讲明铁桶内物品的种类及危害性，交警一直按照正常的交通事故程序进行处理，在 10 个小时后才发现竟是剧毒化学物品氧化镉，延迟了处置。但是交警部门获悉险情后，第一时间上报市政府并随即启动应急程序，公安、消防、环保等各部门的应急启动程序科学、有效、可行。现场采取"装袋 - 吸尘 - 冲洗"三步抢险方案，科学、合理、有效。应急监测方案中的断面设置科学合理，加密监测频次以有效地跟踪污染扩散。从本次事故的处理成效可见，虽然发生在"五一"长假期间，但未对事故处理造成任何影响。

2. 加强危险化学品贮存运输的管理

公安、交通运输主管部门应当加强对危险化学品运输的安全监管，严格审验核发危险化学品道路运输证和剧毒化学品公路运输通行证，强化水路运输危险化学品的监管。运输危险化学品车辆禁止在水源区内通行，查处力度有待进一步提高。环保部门要进一步落实危险废物排放申报和联单管理制度，对违法私自销售给无环保资格证书单位的行为，要加大查处力度，联合公安部门严厉打击。

为避免类似事故发生，对运载化学品车辆的交通事故要高度重视，早发现、早报告。有关部门对化学品仓库要加强检查，要求仓库业主和租用方定期报告贮放化学品的种类、数量和危险特性，对违法贮存危险品的行为及时发现、及时查处。加强对化学品运输车辆的检查，对无证、超载运输危险品要依法从重处理。对发生交通事故的运载化学品的车辆要认真检查持证情况、化学品类别及泄漏情况，发现违法和污染问题要第一时间通报有关部门协助处理。

3. 提升危险化学品运输工具安全性能，加强驾驶人员安全环保教育

任何托运人不得委托不具备规定资质的承运人运输危险化学品。托运人应当按照运输车辆的核定载质量装载危险化学品，不得超载。运输危险化学品，应当根据危险化学品的危险特性采取相应的安全防护措施，并配备必要的防护用品和应急救援器材。通过道路运输危险化学品的，应当配备押运人员，并保证所运输的危险化学品处于押运人员的监控之下。运输危险化学品途中因住宿或者发生影响正常运输的情况，需要较长时间停车的，驾驶人员、押运人员应当采取相应的安全防范措施；运输剧毒化学品或者易爆危险化学品的，还应当向当地公安机关报告。运输危险化学品的驾驶人员、装卸管理人员、押运人员应当了解所运输的危险化学品的危险特性及其包装物、容器的使用要求和出现危险情况时的应急处置方法。

4. 环境污染事故应急处理能力建设有待进一步提高

深圳市环保局接报后，启动了环境事故应急预案，及时派出市危险废物处理站技术人员和化工抢险车、废物运输车到现场进行处理，组织监测车辆和人员到现场采样监测，发挥应有的应急处理作用，基本能够及时完成现场任务，但由于抢险和应急监测装备比较落后，现场处理人员个人防护严重不足，深圳市环保局感到这次事故抢险和应急监测的效率有待提高。但如果涉案化学品为液体，而事发在雨天，污染事态将更严重，现场监测处理工作也将面临更大的困难，需要更为先进完备的应急设施设备和技术支持。为此，保留并加强市危险废物处理站安全填埋场有关环境污染应急处理的职能很有必要，并进一步提高应急处理、应急监测的能力建设，改善应急处理和监测的物资和装备，加强事故应急演习和人员培训，切实保障环境安全。

2006 年山西忻州大沙河"6·12"煤焦油污染事件

时间和地点：2006 年 6 月 12 日，山西繁峙县境内大沙河。

涉及化学品：煤焦油，又称煤膏。一种非常复杂的化工原料，包含 1 万多种成分，而其中 9 000 多种还不为人们所知，对人体健康和环境影响的危害程度难以估计。

事故经过：

2006 年 6 月 12 日 17 时，一辆载有 60 多吨煤焦油的大型罐车行至山西繁峙县神堂堡镇大寨口村附近路段时，突然失控掉入公路边的大沙河里，事故发生后，肇事司机不仅未向有关部门报告，而且刻意隐瞒装载货物，以致错过了事故处置的最佳时机。此时，污水已经下泻近 15 个小时，值得注意的是，下游的王快水库已通过南水北调管线向北京输水，一旦处置不当，污染物流入该水库，其饮用水功能短期内将难以恢复。大量煤焦油直接泄漏到河水中，并顺河流入河北境内。直至 13 日 7 时左右繁峙县环保局才得到消息，当环保人员赶到现场时，事故发生已过了 10 多个小时。10 时 21 分，阜平县环保局接到繁峙县环保局的通知时，受煤焦油污染的河水正以每小时 1 公里的速度向下游推进。事发后第二天，保定市境内的大沙河河水中挥发酚的浓度一度高达 3.02 毫克 / 升，超出《地表水环境质量标准》（GB 3838—2002）中 III 类标准限值 600 倍，河水受到严重污染。

事故发生地处于大沙河上游，大沙河是海河流域大清河水系南支潴龙河的主要支流，发源于山西省，在山西境内的流域面积为 1 231 平方公里，多年平均降水量700毫米以上，河流湍急，左转右弯，河床呈V形。大沙河上游水源主要为山泉水、林木，植被覆盖率较高。河流没有流经较大的城市，沿线无重污染企业，因此大沙河上游的水质条件良好，大部分水质为Ⅰ类水质。大沙河进入河北省境内后流经阜平县进入王快水库。王快水库建于1958年，是一座以防洪为主、结合灌溉、发电的大型水利枢纽工程，库区总库容1 389亿立方米，由于上游污染源少，库区水质良好，并作为北京2008年奥运会应急用水水源地。"6·12"煤焦油泄漏事故发生地距离下游阜平县城80公里，距离王快水库仅110公里，威胁着阜平县大沙河两岸6个乡镇54个行政村6.8万人口的饮用水安全。煤焦油泄漏事件直接威胁到阜平县城和王快水库水质的安全，水污染事故发生后，国务院、国家环保总局、河北、山西两省省委、省政府非常重视，各级领导对这起水污染事故都相继作出了重要批示，调集大量人力、物资拦污、吸污。大沙河污染事件发生后，抢险指挥部从污染源上游连接了一条15公里长的塑料管道，将没有被污染的水输送到下游，采取这种清水污水分流的方法，保证下游群众的饮水安全。大沙河下游的河北阜平县城5万人口的2/3饮水来源于大沙河，为减少污染带来的影响，县城启动紧急预案：一是从别的水库调水；二是启动了7口自备井，与县城饮用水管网连接，保证县城的饮用水安全。

山西省境内采取的措施包括：①对泄漏于公路边的煤焦油进行封堵，随后采用黄土对泄漏在路面及路旁边沟的煤焦油进行覆盖吸收。②在河道下游修筑拦水坝42道，并将部分较高浓度的污水拦截在河道右侧某铁选厂的储水坑中。③对污水采取稻草、活性炭吸附等措施。④清除事故现场吸附了煤焦油的黄土，清理贮存过较高浓度污水的储坑的底泥。

河北省采取的应急措施：①迅速对境内大沙河6个断面水质进行严密监控，为指挥部科学指挥调度抢险控污提供技术支持。②筑坝拦截、分流受污染河水。分别在境内35公里的河段上修筑拦河大坝14道、围堰小坝53处，有效降低受污染水流的下泄速度，并在阜平县城下游修建导流坝，以确保下泄污染河水不进入王快水库。③在筑坝截流的基础上，根据地形开挖导流明渠及吸附池，投放活性炭、棉被褥等吸附水中污染物。④调动73 辆水罐车及消防车到山西省境内，将受污染较重的河水抽出，运至阜平县境内的一个岩坑储存。⑤支援山西省水泥，并协助其对曾储存较高浓度污水的水坑内剩余污泥进行水泥固化处置。⑥对境内暂存的较高浓度的污水采取吸附、自然生物降解，达标后浇灌山坡进行土地处理等措施。⑦及时组织专家作出了大沙河煤焦油污染环境影响评估报告，为大沙河污染后续治理提供了科学依据。同时，在河北省与山西省交界至阜平县城布设入境、吴王口、县城 3 个测流断面，实测 3 个断面流量、流速情况及进行水质监测。通过各级政府和群众的努力，后期采取的应急处置措施果断、及时、正确、有效，将污染带控制在阜平县境内的 20 公里河道内，保证了阜平县城和王快水库的水质安全。

大沙河水污染事故给河北阜平县 4 个乡镇、10 个行政村、39 个生产小队 697 户群众造成了严重的损失，毁淹耕地 926 亩，毁淹树木 1 760 棵；对大沙河水体及沿岸生态环境和农业生产造成了极大的损失；该污染事件仅给河北省方面治污造成的直接损失就超过了 2 000 万元。而 1 吨煤焦油的价格也就在 3 000 元左右，导致大沙河污染事件的车辆装载的煤焦油价值不过 24 万元。

事故原因与教训：

（1）大沙河煤焦油污染事故从表面看是由一次偶然的车祸酿成，而罐车的严重超载、超速行驶为此埋下了祸根。该车的核定载重量为 48 吨，而实际却装载了约 80 吨的煤焦油。而超载现象在我国运输业已是公开的秘密，不仅危及交通安全、道路安全，也同时对环境安全构成了巨大的威胁。

（2）这起煤焦油事故的处置比较得当，由于煤焦油是黏稠性半液态物质，其在水中迁移很慢，构筑堤坝拦截，用海绵、活性炭等吸附的"截、疏、治、停"措施得当。近百辆消防车抽运拦截的中毒污水进行异地安全处理，同时对污染河道底泥及事故发生地立即进行残留物清运、安全处置，基本消除了环境隐患。

（3）国务院颁布的《危险化学品安全管理条例》对危险品的安全运输有明确的规定，并强调"未经资质认定不得运输危险化学品"，对运输车辆、槽罐及其容器也有明确要求，同时要求对其驾驶员、装卸管理人员、押运人员进行安全培训。该事故的发生是严重违反《危险化学品安全管理条例》的后果，肇事司机不仅未向有关部门报告，而且隐瞒装载货物的种类。除司机外，煤焦油的运出方和接受方以及承运单位及相关责任人也必须接受相应的惩处。

（4）事故处置后认为主要污染物是挥发酚不够合理，且只监测高锰酸盐指数和挥发酚不够恰当。其中，监测高锰酸盐指数使用的高锰酸钾对多环芳烃类物质的氧化效果有限，不能反映污染实态。如果使用液液萃取或固相萃取、气相色谱/质谱联用手段定性定量测量监测其中的特定有机组分，并依此对事发地周边作出安全评估更为科学合理。

2006 年鲁皖成品油输送管道柴油泄漏污染事件

时间和地点：2006 年 8 月 12 日，济南市历城区柳埠镇。

涉及化学品：柴油。性质见本书第 35 页。

事故经过：

中国石化销售有限公司华北分公司鲁皖成品油输送管道（简称鲁皖管道）隶属中石化公司，是一条往安徽省输送汽油、柴油等成品油的管道，是国家"十五"规划的重点工程，是保障山东省经济社会发展的重要能源基础设施。2006 年 8 月 12 日，位于济南市历城区柳埠镇的鲁皖成品油输送管道遭不法分子凿孔盗油，管道遭凿孔的地点在跑马岭西侧 2 000 米左右，位于山坡上的一片玉米地里，凿孔点周围已被挖出了一个 1 米见方的大坑，直径 457 毫米的管道已完全裸露出来，凿孔处仍在不停地往外喷油，导致大量柴油泄漏，离现场数百米远都能闻到柴油散发出的刺鼻气味。柴油泄漏点下游 100 余米为曲吕峪沟，再向下 300 余米是大会水库，水库排水经锦阳川流入卧虎山水库（相距约 20 公里），卧虎山水库为济南市集中式生活饮用水水源地。此次事件对卧虎山水库水质构成严重威胁。业主单位接警后进行抢修，之后又组织人员在大会水库出口前采取修建多道拦油坝、敷设吸油毛毡和活性炭吸附浮油并定期清理等措施控制污染。由于凿孔点正好位于一个山谷中，与两端山上的管线落差数百米，导致凿孔点压力非常大，这也给管道抢修带来困难，直到 8 月 13 日清晨抢修工作才全部结束，管线开始恢复供油。

此次柴油泄漏量不少于 100 吨。由于泄漏点区域土质为沙土地，渗漏性很强，外泄的柴油很快渗入附近的土壤，一天之后从曲吕峪沟渗出，加之第二天夜间当地下了一场中雨，下渗的柴油开始在沟边大量渗出。当地百姓在渗油开始后自发捞油，随着渗油量的减少，又改为在沟边挖坑捞油。由于泄漏的柴油不能完全吸附回收，部分柴油随河流下泄，对济南市饮用水水源卧虎山水库和当地地下水环境安全构成很大威胁。事件发生后，业主单位并未及时向环保部门报告。

济南市环境保护监测站在接警后迅速赶往现场组织监测，连续监测16 天，及时向上级部门提供监测数据，为污染源的控制与处置提供决策依据，至 9 月 3 日污染基本解除。

事故原因和教训：

（1）犯罪分子利欲熏心，不顾国家能源安全，在输油管道打孔盗油是事故发生的主要原因。在原油管道、成品油输油管道进行打孔盗油的事件屡禁不止，时有发生，造成了众多安全生产事故和环境污染事故，同时也有人身伤害事故屡屡发生。本次事故的盗油阀门是用胶黏接上去的，风险大，一旦阀门被冲开就很难控制，潜在安全隐患太大。

（2）民众的安全意识、环保观念有待加强。本次盗油事故污染范围基本控制，未造成重大污染事件，环境污染社会影响较小，但是，附近村民不顾安全，驾驶机动车运输、使用金属容器集中哄抢油品的现象却引起了社会的广泛关注和担心。专家指出："这次碰巧我们输送的是柴油，如果是汽油怎么办，那些来拉油的三轮车只要弄出一点火花来，后果就不堪设想了。"

（3）对地下水的污染有待跟踪确认。根据本次应急监测结果，此次鲁皖成品油输送管道柴油泄漏事件对当地地表水、地下水水质均造成了严重污染，同时对锦阳川及济南市水源地——卧虎山水库也带来一定影响。由于发现及时、污染控制措施实施基本得当，加之村民捞油行为对污染物的消除，此次污染事件污染范围基本控制在局部区域，对下游污染相对较轻。但由于柴油在地下的渗漏途径较为复杂，当地又处于济南市地下水间接补给区，事故对深层岩溶水的影响尚待观察，受种种条件限制，对当地地下水的长期影响未做进一步监测调查。

2006 年吉林市 "8·21" 牤牛河
二甲基苯胺污染事件

时间和地点：2006 年 8 月 21 日，吉林省蛟河市。

涉及化学品：二甲基苯胺。主要作为染料中间体，用于制香兰素、偶氮染料、三苯基甲烷染料，也可作溶剂、稳定剂、分析试剂等。N,N-二甲基苯胺，分子式为 $C_8H_{11}N$，黄色油状液体，具有刺激性气味，难溶于水，易溶于乙醇、丙酮、苯等有机溶剂，易燃，在空气中或阳光下易氧化使色泽变深，有毒，遇明火、高热或与氧化剂接触，有引起燃烧爆炸的危险，受热分解放出有毒的氧化氮烟气。4-氨基-N,N-二甲基苯胺，灰色至黑色固体，可燃，有毒，具有刺激性。

事故经过：

8 月 20 日午夜，蛟河市吉林长白山精细化工有限公司工人在该厂生产废液异地处理过程中，为了节省成本将约 10 立方米废液倾倒于距该厂 38 公里处的东两家子（蛟河市吉顺桥）牤牛河内。8 月 21 日接到群众举报后，吉林市政府立即启动突发环境事件应急预案，经现场勘察发现牤牛河部分水质呈红色，并伴有少量泡沫，造成的污染带长约 5 公里，经监测人员定性分析，发现污染物为二甲基苯胺。

事故立即引起党中央、国务院领导的高度重视，中央领导同志短短几天内多次作出重要批示，关心指导水污染防控工作。国家环保总局和吉林省环保局派出工作组赶赴吉林市开展污染防控工作，同时就牤牛河水污染事件的有关情况，向俄罗斯驻华使馆作了通报。作为松花江上游的一条支流，牤牛河水污染直接对沿岸人民的饮水安全构成威胁。吉林市政府立即启动了突发环境污染事件应急预案，成立应急指挥部，下设监测组、防控组、专家咨询组等 6 个小组，及时选取 7 位化工、环保、水利等方面的专家进行会商，决定在距牤牛河入江口 8 公里处建活性炭吸附坝吸附污染物。工程技术人员和消防武警官兵连夜在牤牛河大桥下游 300 米、距入江口 10 公里处建活性炭吸附坝，同时在其上游设置一道拦截坝，以减缓上游来水对下游活性炭吸附坝的冲击。经活性炭吸附坝处置后，水体中特征污染物的浓度显著降低，牤牛河入江口污染因子浓度远低于国家相关标准。8 月 25 日上午，经各方专家论证和研究，吸附坝被及时拆除，确保不会对松花江造成二次污染。吸附坝拆除后，环境监测部门仍坚持每 4 小时一次的水质检测。至 8 月 26 日，经连续监测，各监测点位的特征污染物均未检出。

本次牤牛河水污染事件在短时间内得到有效控制，对松花江干流没有形成污染。7 名肇事者和肇事企业责任人已被刑事拘留，企业被责令停产。

事故原因和教训：

牤牛河污染事故是一起人为倾倒工业废液引发的污染事件，看似一个偶然因素导致的局部污染，但偶然之中却蕴含着一定的必然因素。假如厂方对运送污水的司机进行环保教育，假如对危险化学品运输制定更加严格的管理制度，假如在厂区设置上离污水处理厂更近一些……这起污染事故也许就不会发生。

1. **"违法成本高、守法成本低"，企业"宁认罚不治污"**

按照现行法律政策，向水体排放剧毒废液，或者将含有汞、镉、砷、铬、氰化物、黄磷等的可溶性剧毒废渣向水体排放、倾倒或者直接埋入地下的，可以处 10 万元以下的罚款；造成重大经济损失的，按照直接损失的 30% 计算罚款，但是最高不得超过 100 万元。也就是说，企业排污一般被罚的金额是 10 万元，即便因此造成巨大经济损失，最高罚款也只不过是 100 万元。而像吉林长白山精细化工有限公司这样规模的企业一年的污水治理成本绝对不止 10 万元，偷排 10 吨污水即使罚款也不至于造成巨大经济损失。正是在这样的侥幸心理和利益算盘下，吉林长白山精细化工有限公司才敢于一次次铤而走险，屡屡犯禁，其污水处理设施自然也就成了空壳和摆设。其实，形同虚设的不仅是工业污水的处理设施，据了解，我国有 278 个城市没有建成污水处理厂，至少有 30 多个城市 50 多座污水处理厂运行负荷率不足 30%，或者根本没有运行，而这与环保法律的导向和规范不无关系。

2. 严格日常监督，制定应急预案

本案例凸显了环境执法监督检查的重要性，要通过日常的检查监督企业的污染物排放情况，一旦发现违法排放的情形，要予以处罚，在源头上卡住水污染突发事件的发生。另一方面，说明了制定应急预案的重要性，特别是在水污染可能导致跨行政区域甚至跨国界的污染突发事件时，启动应急预案，采取及时、有效的措施能最大限度地减小损失。在加强水污染排放执法监督检查的同时，必须制定完善的水污染突发事件应急预警，特别是跨行政区域联动的合作形式应制定预先的方案，一旦发生水污染突发事件，就能迅速、及时、有效地采取相应的措施，保障人民的健康和财产安全。国家对危险化学品跨区域运输实行严格的填单制度，必须到相关部门进行报单，但对同一区域内危险化学品运输还缺少严格的管理规定，存在一定的盲点。

3. 及时发布相关信息是实现公民的环境知情权的客观要求

事发当天村干部挨家挨户走访，让村民近期不要用牤牛河水灌溉，不要让人畜直接接触河水，也不要捡食河里的鱼。21 日和 23 日，吉林市政府分别在当地主要媒体上发布关于牤牛河水污染情况的预警公告和预警解除公告，及时告诉人们真相。吉林市派出大批乡村干部，在牤牛河沿岸每隔 500 米就有专人看守，防止村民直接接触河水。8 月 21 日 21 时左右，哈尔滨市政府在听取各方专家的意见后，通过广播、电视等媒体紧急发布信息，告诉市民松花江上游支流发生的化工污染事故已被控制住，松花江干流没有检测出特征污染物。同时，哈尔滨市供排水集团加强管理，稳定自来水生产供应，相关部门组织商业企业及时补充饮用水货源。在政府有

效的信息发布和应急处理之后，哈尔滨市民很快恢复了平静。所以，行政部门在采取应急措施的同时，应当及时公布相关信息，减少公众因为信息获取不畅而导致的恐慌，这对稳定社会具有积极的作用。

2008 年湖南株洲 "6·16"
氰化钠污染事件

时间和地点：2008 年 6 月 16 日，湖南省株洲市株洲县。

涉及化学品：氰化钠。白色结晶粉末，易溶于水，高毒物，中毒早期可出现乏力、头昏、头痛、恶心、胸闷、呼吸困难、心慌、意识障碍等症状，甚至并发呼吸衰竭而死亡。人体吸入高浓度气体或吞服致死剂量时，即可停止呼吸，造成猝死。当与酸类物质、氯酸钾、亚硝酸盐、硝酸盐混放时，或者长时间暴露在潮湿空气中，易产生剧毒、易燃易爆的 HCN 气体，当 HCN 在空气中浓度为 20ppm 时，数小时内人就会出现中毒症状或致死。

事故经过：

2008 年 6 月 16 日，湖南省株洲市株洲县仙井乡泉塘村洪家坝组的天然小水沟中发现大量废弃瓶装氰化钠。随后当地政府迅速采取措施，共妥善处置氰化钠 52 瓶。当地公安部门迅速查清氰化钠的来龙去脉，抓获了犯罪嫌疑人。由于措施及时有效，此次事件未对株洲县饮用水水源地和渌江、湘江水质造成影响。

事故原因和教训：

湖南株洲 "6•16" 氰化钠污染事件是由 50 余瓶氰化钠非法丢弃导致的环境污染事件。危险化学品不但会造成严重的环境污染和损害，而且会直接影响到人民的生命财产安全。湖南省株洲市发生的污染事件罪魁祸首就是剧毒的化学品氰化钠。国家对危险化学品的生产和储存实行统一规划、合理布局和严格控制，并对危险化学品生产、储存实行审批制度。未经审批，任何单位和个人均不得生产、储存危险化学品。该起案件中，相关主管单位存在管理不力的情形。此外，剧毒化学品的生产、储存、使用单位，应当对剧毒化学品的产量、流向、储存量和用途如实记录，并采取必要的安全措施。而该案例中，相关单位存在明显的工作疏漏。对剧毒化学品的管理，公安部门有特殊规定和严格要求，剧毒化学品的生产、购入、使用消耗、去向均有登记，并须经领导批准和至少两人以上保管等。而由于管理方面的漏洞，犯罪嫌疑人可以轻易获得数十瓶氰化钠，因此只有加强源头管理，严格执行管理制度和防范措施，才能减少此类污染事故的发生。

案例 16

2008 年重庆市 "6·17" 梁平县屏锦镇天生水泥厂附近翻车事故

时间和地点：2008 年 6 月 17 日,重庆市梁平县屏锦镇天生水泥厂附近。

涉及化学品：农药毒死蜱：无色结晶,有硫醇气味,中等毒杀虫剂,具有触杀、胃毒和熏蒸作用,在叶片上残留期不长,但在土壤中的残留期长。氯氰菊酯：工业品,黄色至棕色黏稠固体,60℃时为黏稠液体,速效神经毒素,常用的杀虫剂,具触杀和胃毒作用。

事故经过：

2008 年 6 月 17 日凌晨 2 时 20 分,一辆装载住房装饰材料、电器、面粉、植物调节剂、促长剂及农药（含地杀和虫克净两种）的物流货运卡车由成都开往武汉,在梁平县屏锦镇天生水泥厂附近发生翻车事故,部分农药散落于屏锦镇饮用水水源地盐井口水库（库容约 1 280 万立方米）库尾 1 公里处的一溪沟内。该水库是当地居民的饮用水库,属Ⅲ类水域。

6 月 17 日 7 时 50 分,梁平县政府接到关于翻车的通知后,立即启动应急预案,成立由县委常委常金辉、县政府副县长吴晓等组成的现场指挥小组,由县环保局、水务局、农牧局、安监局、交通局、公安局及屏锦镇政府组成的应急处置小组。8 时 45 分左右,重庆市环境监察总队、重庆市环境监测中心接到应急指挥小组请求支援的电话后,立即组成专家组赶往事发现场。

根据事故现场情况,经现场指挥小组的批准,市、县职能部门和屏锦镇党委、政府采取了如下的应急处置措施：一是及时组织人员转移散落在

61

溪沟的物质，并对溪沟进行清理。二是截断沟溪上游来水，并用水泵抽至
另一渠道，绕道排入下游；截流事故现场下游溪水，将事故现场溪沟水抽
至附近水稻田储存。三是屏锦镇自来水厂暂停水库饮用水取水。四是用细沙、
米石以及吸油毡对货车流失的机油、柴油进行吸附清理，避免被雨水冲入
水库。五是环境应急监测人员立即对小溪沟事故现场下游 10 米处、1 000
米处（小溪沟与七间河汇合处）、盐井口水库入口、盐井口水库中心区域（左、
中、右）、自来水厂取水口共五个断面（点位）进行采样分析。其中梁平
县环境监测站分析高锰酸盐指数、总磷、氨氮及总氮等指标；根据"地杀"
和"虫克净"的主要成分，重庆市环境监测中心分析毒死蜱及氯氰菊酯等
指标。六是责成县水务局盐井口水库管理处安排专人 24 小时巡查，观察
水库水生动物（鱼类）反应动态。

6 月 18 日 2 时，应急监测数据表明，各监测断面（点位）污染物浓
度稳定达标，本次翻车事故未对盐井口水库水质造成明显的环境污染，水
库取水点可恢复饮用水取水，指挥部下达应急终止的命令。

事故原因和教训：

1. 驾驶员违反规定、操作不当是事故的直接原因

经现场勘察和调查，认定驾驶员安全意识淡薄，违反了危险化学品运
输车辆夜间 0 ～ 6 时禁止行驶的规定。同时，由于驾驶员路况不熟、车辆
速度较快、操作不当等原因直接导致这起事故的发生。此外，驾驶员至事
发数小时才拨打环保投诉热线"12369"，导致错过了最佳处置时间。

2. 物流公司违规操作是造成事故的重要原因

物流公司未遵照《剧毒化学品购买和公路运输许可证件管理办法》相
关规定，私自采取零担货运中夹装、混运危化物品，且未实行全程监督管
理义务，是造成继发环境污染事故的重要原因。

3. 监管方面的原因

肇事车辆挂靠单位没有制定具体的管理规定和采取有效的管理措施，
没有安装行驶记录仪或定位系统，使事故发生时不能及时有效获取信息。

梁平县有关部门对途经辖区的危险化学品运输车辆的检查机制有待完善，路面控制措施力度不够；对危险化学品违法运输行为的危害性宣传力度弱，致使车辆驾驶人缺乏安全意识、责任意识及守法意识。

2008 年商丘大沙河砷污染事件

时间和地点：2008 年 11 月，商丘市大沙河。

涉及的化学品：砷在地壳中含量并不多，但硫化物矿石中都含有一定量的砷。尽管砷在工业生产中有一定用途，还是药材雄黄、雌黄的主要成分，但这种元素是污染环境、危及健康的污染物。天然水环境中的砷主要以砷酸盐、亚砷酸盐等形式存在，溶于水，有剧毒。随着采矿业的发展和人类工业化进程的加快，砷在水体、土壤等环境介质中浓度逐渐升高并累积，直接或间接进入生物体，将可能发生急慢性砷中毒现象。

事故经过：

2008 年 7 月以来，民权县某公司为降低生产成本，未经审批擅自采购含砷量高的硫砷铁矿用于生产硫酸，加之没有采取处理措施，导致生产废水中砷含量严重超标并经民生河直接排入大沙河，导致大沙河民权至睢阳区包公庙乡段的砷浓度严重超标。河水流向为：民生河→大沙河→涡河→淮河，大沙河为淮河的二级支流、涡河的一级支流，因此，如果不能有效处理，受污染的水体不仅造成下游涡河等水域水质受到严重污染，还将会对下游100 多公里范围内的生产、生活用水安全造成严重威胁。

事故发生后，大沙河两岸地域迅速建立应急处置机制，全力以赴处置大沙河砷污染事件：一是成立指挥部，现场指导协调污染处置工作。由于是跨地区河流污染，迅速成立了由各级政府、环保部环境应急与事故调查中心、省环境保护厅组成的砷污染防控工作指挥部，在大沙河包公庙闸现场指导处理工作，协调上下游有关方面合力治污、河流涵闸调度、处理各相关信息和污染损失赔偿问题；环境监测部门进驻现场，进行沿岸污染状况排查；淮河水利委员会、各级环保、水利部门支持与配合治污工作。二是启动受污河水应急预案。封停污染源，全面治理整顿；河流两岸迅速警戒，实行"五不准"措施：不准灌溉、不准饮用、不准捕捞（鱼虾）、不准洗衣洗菜、不准放鸭养鱼。三是选用科学有效的治污技术。紧急多方考察验证，采纳中国科学院科学处置含砷污水和含砷底泥的技术，该技术是在已有饮用水除砷专利技术的基础上，针对大沙河流域特征和砷污染状况进行的砷污染处理总体工艺及实施方案的初步设计。四是实施方案：本着"谁污染，谁治理"的原则，对所有受污染水体进行治理，并清除受污染的河床，经过治理的水监测合格后再开闸下泄。

按照应急部署，有关部门在相关河流上建起三道拦河坝及数道土坝，污染河水基本被拦截在各段土坝内，并关闭大沙河包公庙闸、惠济河鹿邑东孙营闸和下游涡河大寺枢纽闸门，阻止所有已受污染及可能受污染的河水下泄。将污染严重的大沙河包公庙闸前 1.3 公里的河段划为沉降区（即治污区间），采用中科院的治理方案，加入复合除砷吸附剂，实施水体治理，被吸附的砷集中沉入河底，以便集中处置；在治污区间加密监测，拦河坝上留出水口并设置提水泵，确保出水口处河水水质达标方可下排。由于涉及河流多，逐步将上游及邻近河流被拦截河水通过抽水泵提至治污区间，根据治污区间水处理情况，采取阶段性边治理边排放的措施，处理所有相关水体。下游大沙河出省境处修建溢流坝、吸附坝，对达标下排河水再次加强处理，确保河水水质安全。

省、市环境监测站依据河流方向，密切观测砷在河水中的动向及沿岸地下水水质变化情况、污染物是否在环境载体（地表水、地下水、沿河土壤等）中扩散，摸清总砷污染状况，制定"砷污染事件应急监测方案"，并随着治理的需求及时修订调整。监测对象涵盖地表水、地下水、土壤、底泥、作物等，并依据有关标准限值进行砷浓度评价；实时的监测数据作为应急处理决策的技术支持，科学地实施应对措施。污染事态得到有效控制，经处理后的水质达到国家地表水Ⅲ类标准。从 12 月 7 日开始，滞留

在包公庙闸前的大沙河水以每天约 20 万立方米的流量达标排放，至 2009
年 1 月中旬，经过两个半月的治理，相关河流积蓄的约 800 万立方米水基
本处理完毕；3 月底，治污区间的含砷底泥被固化封存，得到安全处置；
受污染河段沿岸两侧 1 公里内的地下水、土壤及作物尚未受到砷的污染；
沿岸未发生人畜中毒事件，河道底泥填埋防渗储存或进行综合利用，人民
群众生产生活秩序正常。

事故原因和教训：

（1）应加强企业生产原料、工艺等污染源头的监控与管理。在社会经
济生产活动中，一旦人们疏忽大意，极易发生突发性环境污染事故，后果
将十分严重。因此，各部门应对所辖区域进行污染源调查，加强污染源头
的监控与管理。

（2）受污河水处理后，还应对河道底泥填埋防渗储存或进行综合利用，
对沿岸地区的河水、土壤、地下水和作物继续跟踪监测，以进一步确保环
境安全。

（3）我国现有流域管理机制方面存在信息共享不力而影响效率的问
题，如水利部门、环保部门及跨省市之间的区域协调等曾一度成为制约治
污顺利实施的关键因素之一。

（4）应急部门要高度重视，尽快制定出切实可行的应急工作程序。实
验室分析人员应加强业务培训，保证能掌握水环境及大气环境中多种常见
污染物的监测分析方法，熟悉分析监测仪器的操作，做好充分的技术准备。
应急监测设备要设专人管理，明确责任制，设备要定期检查、维护，保持
其良好性能。相关的试剂要妥善保存，不断补充，防止因保存不当或过期
而失效。

防范措施建议：

（1）加强污染源监控措施。在社会经济生产活动中，突发性环境污染
事故时有发生，尤其是石油化工原料、生产成品及有毒有害危险品的生产、

储存、运输过程中均隐含着不同程度的突发事故风险，一旦人们疏忽大意，极易发生事故，后果将十分严重。因此，应加强企业生产原料、工艺等污染源头的监控与管理，"防患于未然"才是解决环境污染问题的根本。

（2）加强环境应急监测网络建设。我国现有流域管理机制方面存在信息共享不力而影响效率的问题，各省辖市环境监测站经济能力和技术水平存在差异，不可能要求所有环境监测站均做到装备精良、人员水平和技术力量高超。因此，在各部门、各区域建立应急监测网络，加强信息共享；结合各地经济发展和工业企业状况，有针对性地重点选择部分监测站，加强其技术装备建设，培训技术人员，并定期进行应急监测的实战演习，交流应急监测经验。

（3）加强对省辖市环境监测部门的技术指导。省辖市级环境监测站处于突发性污染事故的最前沿，一旦事故发生，应能最先抵达事发现场，进行现场监测，并提供污染事故第一手的应急监测数据，供决策者参考。但是，目前部分省辖市环境监测站的实验设备及快速监测手段难以迅速有效地完成应急监测任务。省级环境监测站应加强对省辖市环境监测站的技术指导，对相关人员做应急监测专业技能培训，提高省辖市环境监测的应急监测业务技术水平。

（4）跟踪监测确保环境安全。污染事故发生后，正确处理受污区域，还应对附近地区的河水、土壤等相关介质继续跟踪监测，以进一步确保环境安全。

2009 年山东临沂 "1·7" 跨省界砷污染事件

时间和地点：2009 年 1 月 7 日至 4 月 25 日，山东临沂与江苏邳州省界河流邳苍分洪道东偏泓、西偏泓。

涉及化学品：砷。砷在自然界中一般多以化合物 As_2O_3、气体 AsH_3 及盐类存在，其中化合物 As_2O_3、气体 AsH_3 毒性巨大、危害性强，无色、无味，易溶于水、有机溶剂中。砷化物主要影响神经系统和毛细血管通透性，对皮肤和黏膜有不同程度的刺激作用，短期大量吸入后出现眼和呼吸道刺激症状及乏力、胸闷、头晕、头痛、恶心、呕吐、腹痛、腹泻等，消化道症状较口服中毒轻，其他症状似口服中毒。

事故经过：

2009 年 1 月 7 日，环境保护部接到淮河流域水资源保护局通报邳苍分洪道东偏泓、西偏泓砷浓度严重超标。山东省环保厅组成了以山东省环境监测中心站为主的应急专家组，连夜奔赴临沂市，在第一时间启动相关应急预案，同时向下游江苏省徐州市、邳州市通报有关情况，同步迅速开展应急处置工作，全力控制事件危害。在中国环境监测总站专家的现场指导下，山东省站与临沂市站启动应急监测预案，开展对 24 条河流、支流河流水质，126 家污染企业排查和 2 家风险源企业溯源性监测，并对河流水质、底泥、残留冰块的总砷、不同价态砷进行监测。

为迅速控制事态，1 月 8 日起，临沂市环保部门组织环境监察、监测人员开展大规模的污染源排查行动，对可能产生砷污染的化工、矿山开采等重点企业 126 家，并对受污河流及上游汇水进入邳苍分洪道的南涑河、陷泥河等大小河流、支流 24 条逐一检查、采样化验。根据排查结果，1月9日初步确定山东红日阿康化工股份有限公司为这次砷污染事件的责任单位，并落实了应急措施。后续调查证实，该公司在 2008 年购进的部分生产原料磷矿石中砷含量最高值达到 106 毫克 / 千克，远远超出磷酸生产线设计要求；该公司 2008 年 9 月底停止磷酸生产，2009 年年初恢复生产时，工人违规排放富集砷化物的磷酸尾气循环洗涤水，排入汇水河道形成污水团下泄。经公安介入调查后，确定其排污事实。临沂市政府随即责令该企业全面停产整顿，并由市环保局派员驻厂监督落实。其后，临沂市方面迅速排查和消除污染源头隐患，明确受污河段，筑坝分流上游汇水河流；邳州市大力支持、配合，仅用几天时间就完成了邳苍分洪道东偏泓、城河、纲河等受污河段的筑坝拦蓄，实现了污染水量不扩大、污染水体不下泄。

　　成功截蓄后，采取北京师范大学"活性氧化铝过滤吸附"处置方案，落实强有力的工程措施，全力实施砷污染治理"百日会战"，力求取得最佳处置效果。工程实施后，山东、江苏两省监测站，在全国率先创立了"联合统一监测模式"，即"统一采一份样、统一在一个实验室分析、统一出一个数"的模式，确保"监测过程共同统一、结果共同认同"，提高了效率，保证了质量。3 月 29 日，邳苍分洪道东偏泓受污河段 5 个监控断面连续 3次监测全部达标；4 月 4 日，纲河全面达标；4 月 20 日，城河 7 个监控断面连续 3 次监测全部达标，圆满完成了国家要求 4 月 25 日前治理达标的任务。

事故处理处置：

　　根据实际情况，应急处置方案提出将超标污水通过闸、坝、翻水站调入江苏邳州城河、东偏泓、纲河三处河道进行集中处理。其中东偏泓由于其截留污水量少，且无二级吸附，纲河截留污水后期又被调入城河进行集中处置，故邳州城河应急处置工程是本次处置工程的重点。

　　首先在城河污水流向的下游建立截污坝，将受污水体全部截留，防止污水继续流入下游河道，控制污染范围。再将截留的污水全部上翻至关闭的控制闸以上，露出河床以后，根据河床的实际地质情况，做好活性氧化铝吸附坝的基础。随后，建筑一级吸附坝（长 50 米、宽 6 米、高 3.5 米，内部填充活性氧化铝约 600 吨），视处理效果再适时启用二级吸附坝。控制吸附坝两侧水体的高度差来调节污水处理速度。为提高吸附坝两侧的水位差，实际处理过程中又在吸附坝上建了砂石坝。控制闸可视处理效果灵活调节水体流量，截污坝还将起到安全控制作用，待处理后的水质稳定达到地表水 III 类标准后，截污坝开坝放水。

在保证了吸附坝的处置效率和处置效果的同时，采用移动式吸附处理方式，在河段内实施立体拉网式移动吸附，有效地降低了污水含砷浓度，最大限度地加快了处置进度。邳州市政府在施工场地保障、水利施工、舆论引导、群众安抚、后勤保障等方面均给予了全面配合；还针对治污任务繁重的情况，主动承担了东偏泓上游 20 多万立方米砷超标污水的处置工作，并于 4 月 19 日完成。

截至 4 月 21 日，经过近 40 天的奋战，邳苍分洪道城河活性氧化铝两级吸附坝累积处理达标 450 万立方米砷污染污水，日均处理污水 11.2 万立方米。后期，为加快处理进度，确保 4 月 25 日汛期来临之前完成污染处置任务，通过调整吸附坝上、下游水位差，日最高处理达标污水约 20 万立方米。由此说明，活性氧化铝吸附技术处理含砷污水速度显著，能够满足大水量含砷污水快速应急处置的需要。

水体污染治理完成后，4 月 22 日临沂市政府立即启动了吸附材料拆除、回收等工作，动用大量的人力和机械装置拆除河道中的吸附材料，并派专人护送吸附材料至合同单位妥善处置。同时开展了河道底泥普查工作，评估河道受到的影响情况。

事故发生后，在做好污染处理的基础上，环保部门加强了污染企业的监管。对涉污企业重金属污染防治工作进行监督，加强涉污企业污染源在线监控设施管理，强化公司在重金属管理方面的环保档案、制度建设、监督检查、风险防范等方面的工作效果。

事故原因和教训：

1. 企业重视产品生产、轻视污染物治理是事故发生的根本原因

经后续调查证实，该公司 2008 年 9 月底停止磷酸生产，12 月底恢复生产时，只顾产品指标，忽略磷矿石中伴生矿砷的成分，超出企业标准使用了在 2008 年购进的部分含有高丰度砷化合物的原料，生产原料磷矿石砷含量最高值达到 106 毫克／千克，远远超出磷酸生产线设计要求；该企业缺少针对特征污染物砷的处理设施，生产后，该企业工人违规排放富集砷化物的磷酸尾气循环洗涤水，排入汇水河道形成污水团下泄，造成事故的发生。

2. 政府对该企业风险源类别、风险企业识别不到位、监管不到位、预警不到位，缺少对区域敏感性的重视

临沂市分布着许多无机、有机化工企业，其中不乏使用磷矿石生产磷肥的全国、全省知名企业，但是，在"1·7"事故发生前，环境管理和监管只停留在常规污染物，忽视了特征污染物，环境监管存在盲点。另外，邳苍分洪道区域涉及两省三市（山东省临沂市、江苏省徐州市、宿迁市）、两湖（骆马湖、微山湖）、三河（沂河、沭河、京杭大运河），位置敏感，环境污染涉及面广、影响大，跨行政区域环保工作情况复杂，但各方对该区域存在的环境风险重视不够，没有建立有效的防控措施。长期以来，东、西偏泓既是泄洪渠道，也成了临沂市和邳州市地下水排放的通道，对水生态造成了一定影响，有关问题一直没有得到根本解决。京杭大运河连接微山湖、骆马湖，又是南水北调的通道，区域重要性非常敏感。针对这种情况，临沂、徐州两市虽然在 2006 年建立了苏鲁交界环境保护联席会议制度，但从实际效果来看，形式多于内容，在跨界污染纠纷协调上没有发挥真正的作用。通过该事件是由水利部门例行监测时发现的事实表明，环保部门的环境预警监测能力不足，在部分敏感区域，环保部门设置的监测点位、监测频次、监测指标还不适应环境安全形势的需要，监测预警能力亟须加强。

2009 年江苏盐城标新化工 "2·20" 酚污染事件

时间和地点：2009 年 2 月 20 日，盐城水厂取水口上游约 10 公里的盐城市标新化工有限公司。

涉及化学品：挥发酚，一般指沸点在 230℃以下的酚类，通常是一元酚。酚类为高毒物质，人体摄入一定量时可出现急性中毒症状，长期饮用被酚污染的水可引起头昏、皮疹、瘙痒、贫血及各种神经系统症状。

事故经过：

2009 年 2 月 20 日 6 时 20 分，盐城市部分市民发现水龙头出水出现异味，向当地政府和自来水公司反映。经监测，水厂取水口挥发酚浓度高达 0.556 毫克 / 升，超过地表水 III 类标准（0.005 毫克 / 升）110 倍。20 日 7 时 20 分，城西水厂和越河水厂停止供水。经排查，认定距取水口上游约 10 公里的盐城市标新化工有限公司利用停产检修间隙，将储存的高浓度含酚废液及生产废水偷排入厂北边的生产沟，通过蟒蛇河进入新洋港，导致该起突发事件。

盐都区政府当日即责令标新化工有限公司停产，公安部门依法对该公司法人代表和生产厂长进行刑事拘留。环保部门制定沿新洋港河全线水质应急监测方案并实施，绘制 "污染带示意图" 和 "监测数据变化趋势图"，及时掌握水质污染状况，分析污染带动态迁移情况。水利部门每秒从长江抽调 150 立方米的水往下游推移污染的水体，同时打开下游防潮闸放水，加速被污染水体的排放，并组织相关单位抓紧排放已送入城市供水管网内的自来水，尽快将主管网内受污染的自来水排清。同时，提请广大市民立即打开户内所有水龙头，排清支管道内余水，直至监测达标。

此次受污染影响的供水区域大致为盐城市区开放大道以西、新洋港以南、世纪大道以北区域，新洋港河以北人民北路两侧和其他局部自来水有异味的用户，受影响人口约为 20 万人。另外，盐城市区下游有 4 个乡镇的 6 个水厂也于 20 日 15 时关闭，受影响人口约 3 万人。

事故原因和教训：

1. 地方政府要进一步加强饮用水水源的安全保障工作

此次盐城"2·20"水源污染事件中，地方政府没有认真贯彻落实《中华人民共和国水污染防治法》和近几年环保专项行动中要求各级政府必须依法取缔饮用水水源保护区内排污口的要求，致使事发前饮用水水源上游周边仍存在 33 家化工企业。地方政府应深刻汲取教训，全面排查饮用水水源保护区、准保护区内及上游地区的污染源，加强对可能影响饮水安全的制药、化工、造纸、冶炼等重点行业、重点污染源的监督管理，建立风险源目录，从源头控制隐患。

2. 环保责任制应严格落实到位，环境监督仍需强化

各级政府和环保部门要进一步严格环评审批、"三同时"验收、环境执法等领域的制度建设和日常管理，严肃查处违法违纪案件，形成"高压态势"，对存在问题的人和事"不隐瞒、不包庇、不纵容"，对违法情节没有查清的坚决不放过，对整改措施没有落实到位的坚决不放过，对责任者没有处理到位的坚决不放过，对该移送司法机关而未移送的坚决不放过。各级政府和环保部门要进一步增加环境保护责任意识，适时开展典型环境违法案件的警示教育，使企业认识到违反环保法律法规必将付出沉重代价；要加强日常监管，对超标排污的依法责令限期治理，对超排放总量的进行区域限批，对偷排偷放的实施停产治理直至关闭；使各级监管部门人员认识到认真履行所承担的职责，直接关系到其政治生命和事业前途。

3. 自来水企业的监测能力亟待加强

本次污染事件中是市民发现自来水有异味，向自来水公司打电话反映，才引起自来水公司的注意。自来水公司没有进行常规监测，没有及时发现自来水已受到污染，致使部分受污染水体已进入城市供水管网，直接影响了 23 万人的生活用水，并导致近百家生产企业停产，造成重大经济损失。

4. 完善应急预案，并在污染事件发生后迅速、有效进行处理

为防范可能发生的水源突发性污染的威胁，保证供水水质，应考虑给水厂应急供水的技术措施，并健全水污染突发性事件应急机制。一是完善突发性水污染事故监测预警系统，搭建高效的环境监测网络，一旦发生突发事件，立即能够拉出队伍，应对有方，出具决策和管理依据；二是建设现代化的环境监测信息系统，实现各级监测站、各类专业环境监测网站及重要污染源的信息传输对接和共享；三是建立信息沟通与公开制度，避免不必要的恐慌。

2009 年河南省济源市铅超标事件

时间和地点：2009 年，河南省济源市。

涉及化学品：铅。铅是蓄积性毒物，人体内的铅存在于血液及骨骼系统中。近年来有关血铅浓度与污染土壤关系的研究表明，土壤中的铅与人体健康有着十分密切的关系。铅中毒对全身各系统和器官均产生危害，幼儿大脑对铅污染比成年人更为敏感，人体中存在过量的铅将导致神经和再生系统紊乱、发育迟缓、血色素减少并引发贫血和高血压，体内铅增高可引起儿童脑损伤。由于在环境中的长期持久性，又对许多生命组织有较强的潜在毒性，所以铅及其化合物被美国环境保护局（EPA）列为 17 种严重危害人类寿命与自然环境的化学物质之一。

事故经过：

济源市素有"中国铅都"之称，拥有豫光金铅、万洋集团、金利铅业 3 家全国排名前 5 位的大型铅冶炼企业，其铅工业收入亦占据济源的"半壁江山"，可谓济源的经济命脉。以 2008 年为例，该年度济源市铅企业主营业务收入 254.6 亿元，占全市规模以上工业企业主营业务收入的 40%。

2009 年 5 月，河南省环境监测中心在对重点区域土壤污染状况研究时发现，济源豫光金铅等大型涉铅企业周边土壤铅、镉等重金属污染状况严重，可能引发重金属污染事件，为此向河南省环保厅专题汇报了该情况，省环保厅据此向环保部及河南省政府进行了专题汇报，并向济源市政府致函通报情况，安排布置土壤重金属污染防治工作。济源市政府立刻采取措施：一是关停了 32 家铅冶炼企业；二是即刻组织对涉铅企业周边 14 岁以下儿童进行血铅免费检测，并组织需要入院驱铅治疗的儿童到定点医院进行免费治疗。2009 年 9 月，河南省环保厅又组织对济源市涉铅企业周边环境重金属污染状况进行了全面的监测和评价，共布设土壤监测点位 81 个，进一步掌握了济源市涉铅企业周边土壤的重金属污染状况，为河南省政府和济源市政府主动超前采取措施，妥善处理济源"血铅超标"事件，提供了强有力的技术支撑。由于工作主动，措施有力，济源"血铅超标"事件的妥善处理避免了群体性事件的发生，确保了全市社会大局的稳定。

事故原因和教训：

河南省济源市的铅冶炼开始于 20 世纪 50 年代，当时生产工艺原始落后，缺乏污染治理措施，随着铅冶炼生产工艺不断改进，生产规模不断扩大，铅污染物排放量不断增大，特别是 20 世纪 90 年代以来采用烧结机工艺时大量铅尘排放，以及生产原料和废渣在运输过程中的扬散流失，造成铅、镉等重金属及氧化物在周边环境中沉积，对人体和自然环境产生影响。可以说，铅污染事件是经济粗放发展的必然结果，是长期环境污染积累的总爆发。

"血铅超标"事件发生后，济源市对原有 35 家电解铅企业中的 32 家小型企业停产整顿，关停豫光金铅、万洋、金利 3 家企业的 3 条烧结机工艺生产线，深化治理、达标验收后方可恢复生产，只允许它们的富氧底吹工艺生产线开工并派驻环保监督员驻厂监督。

济源市的例子告诉人们，在铅冶炼等涉铅企业较为集中的地方，不仅要关注企业生产中的"三废"排放，而且也要重视铅污染累积对环境的危害，根本出路是转变发展方式，实现产业升级。

防范措施与建议：

1. 深化污染治理

坚决淘汰铅冶炼落后生产工艺，建设环保节能的富氧底吹或富氧顶吹工艺；电解铅（合金铅）企业废气中铅排放浓度要在原来达标的基础上再降低 93%。按照环保部制定的清洁生产标准，豫光金铅等 3 家大型企业应重新进行强制性清洁生产审核，达到国内先进水平，切实解决危害群众健康和影响可持续发展的突出环境问题。

2. 强化环保监管，加大对企业违法排污的处罚力度

对涉铅企业加强环保监管，对豫光金铅等 3 家企业的环保设施运行、物料储存及固废处理、无组织排放等情况逐项进行严格核查，确保达到规范要求。选派驻厂环保监督员，每天 24 小时监管 3 家企业的污染防治设施正常运行。同时充分发挥污染源监控中心和网格化环境管理的作用，采取明察与暗访、定期与不定期、节假日和夜间突击检查相结合等方式，确保企业实现达标排放。加大对企业违法排污的处罚力度，对情节严重的可依照"两高"关于环境事件的司法解释追究其法律责任。

3. 严格落实卫生防护距离

企业必须严格落实相关卫生防护距离的要求。对企业大气环境防护距离内的土地进行流转，由企业租用建成防护林带，不再种植农作物；对卫生防护距离内的居民进行搬迁。

4. 跟踪进行环境监测

督促企业建立健全环境监测机构，配备特征污染物监测设备，建立质量控制体系，定期对污染源和周边环境实施监测，并按月上报数据。市环保部门对涉铅企业周边的环境空气、地表水、地下水、土壤、河流底泥及农作物进行跟踪监测，对污染源、厂界无组织排放以及敏感区域环境开展监督性监测，防止对人体和畜禽造成危害。

2009 年山东临沂 "7·23" 跨省界砷污染事件

时间和地点：2009 年 7 月 23 日，山东临沂与江苏邳州省界河流邳苍分洪道东偏泓、西偏泓。

涉及化学品：砷。性质见本书第 68 页。

事故经过：

2009 年 7 月 23 日，临沂市监测站在例行监测时发现邳苍分洪道东偏泓邳苍公路桥断面砷化物超标，随即实施加密监测，组织人员对上游所有汇水河流和污染源进行全面排查，判定南涑河为砷污染来源河道。后经查明，污染是由临沂亿鑫化工有限公司先后两次趁暴雨将未经处理的高浓度含砷废水（砷浓度为 10 000 毫克／升）排入南涑河所致，部分污染水体进入邳苍分洪道，造成跨界污染并危及饮用水水源地骆马湖的安全。24 日锁定临沂亿鑫化工有限公司为肇事企业后，随即该公司被关停，砷污染来源被切断。

事件发生后，临沂市市委、市政府第一时间启动了突发环境事件应急预案，连夜构筑了 14 道拦截坝，先后出动应急人员 2 600 多人次，大型机械 40 多台次，船只 50 多艘次，快艇 5 艘，沿河道抛撒生石灰 1 165 吨，重点河段投放氯化铁 16 吨、氢氧化钠 8 吨，使污染水体砷浓度快速降至 0.5 毫克／升左右。在此基础上，通过武沂导流设施和沂河水源，对水体实施深度降解，确保达标后下泄。至 8 月 9 日，邳州方面的受污染水体治理完毕。8 月 23 日，所有超标水体处置工作全部完成，此次事件得到成功处置。

事故原因和教训：

（1）恶意排污是造成本次事故发生的根本原因。临沂市亿鑫化工有限公司在大雨漆黑的夜晚违法、排污，是明知故犯的恶意排污行为。尤其是本次事件的肇事者明知当年 1 月 7 日的砷污染事件，却仍然不顾此行为可能造成的严重后果，暗地里购买淘汰设备，隐匿生产具有巨大潜在污染风险的产品，并趁暴雨将高浓度含砷废水直接排入河道，规避监管，恶意排污，是造成本次事故发生的根本原因。

（2）部分污染企业社会责任意识淡薄，守法成本高、违法成本低的现象必须根治。通过本次事件分析，结合 2008 年以来，环境保护部接报处置的 6 起砷污染事件，其中包括河南大沙河砷污染事件和本地的两次事件，反映出化工、采矿、冶炼等行业环境安全隐患问题十分突出，而相关企业没有足够的风险管理意识，环境风险意识淡薄，随意排放给群众生产、生活和社会稳定造成了很大影响。部分污染企业社会责任意识淡薄，为追求经济效益不惜以牺牲环境为代价。同时，地方政府和相关部门的风险意识不强，对重金属等环境高风险污染物认识不到位，没有建立起有效的监控和应对机制，往往事情发生了才临时"抱佛脚"。

事故处理处置的经验：

沉淀法是去除砷的主要方法，氯化铁 - 生石灰主要是通过共沉淀的形式去除砷。沉淀法工艺简单，投资较少，是目前含砷废水的主要处理方法。利用可溶性砷能够与钙、镁、铁、铝等金属离子形成难溶化合物的特性，以钙、铁、镁、铝盐及硫化物等作沉淀剂，经沉淀后过滤除去溶液中的砷。主要包括中和沉淀法、铁氧体法、硫化物沉淀法、混凝法（亦称吸附胶体沉淀法或载体共沉淀法）等，常用的沉淀剂有石灰、氯化铁、聚合硫酸铁、硫酸亚铁、明矾和硫化钠等。

由于铁盐尤其是三价铁与砷（Ⅴ）形成的砷酸铁（$FeAsO_4$）溶度积很小，而且砷（Ⅲ）的毒性远高于砷（Ⅴ），所以尽管一些药剂在适当的 pH 条件下也可以与砷（Ⅲ）反应生成沉淀物，但在实践中应用比较广泛的还是基于三价铁与砷（Ⅴ）的反应。首先将废水中的砷（Ⅲ）氧化为砷（Ⅴ），控制适宜的 pH 使三价铁与砷（Ⅴ）发生反应生成沉淀物而分离。

Fe^{3+} 又可在 pH 适当的溶液中以 $[Fe(H_2O)_6]^{3+}$、$[Fe_2(OH)_3]^{3+}$、$[Fe_2(OH)_2]^{4+}$ 等形式存在，并易水解形成多核络合物，能够强烈吸附废水中的胶体微粒，通过吸附、架桥、交联等作用促使胶粒相互碰撞而絮凝，并与生成的 $FeAsO_4$ 发生吸附共沉淀，从而提高除砷效率。

加入生石灰后，高 pH 下部分砷酸铁沉淀会转化为氢氧化铁或针铁矿，使砷酸根离子重新被释放出来，所以出水 pH 应控制在 6～9 为宜。有研究提出采用两段沉淀法除砷，即对一次中和沉淀后上清液再加药剂（如铁盐、含铁的钙铁复合絮凝剂、有机搜捕剂等）进行除砷，使最终出水砷达标。

2009 年陕西凤翔 615 名儿童血铅超标事件

时间和地点：2009 年 8 月，陕西省凤翔县。

涉及化学品：铅。摄入过多的铅及其化合物，会引起消化、神经、呼吸和免疫系统急性或慢性中毒，通常导致肠绞痛、贫血和肌肉瘫痪等病症，甚至会致癌和致畸，严重时可发生脑病甚至导致死亡的现象。铅含量的超标会对儿童产生非常大的负面影响，它可以破坏儿童的神经系统，可导致血液循环系统和脑的疾病。

事故经过：

2009 年 8 月陕西省凤翔县发生 615 名儿童血铅超标事件。根据对马道口和孙家南头村 731 名 14 岁以下儿童血铅检测结果，血铅含量在 100 微克 / 升以下、属于相对安全的血液标本 116 份，占本次检测总人数的 15.87%；血铅含量在 100 ～ 199 微克 / 升、属于高铅血症的血液标本 305 份，占本次检测总人数的 41.72%；血铅含量在 200 ～ 249 微克 / 升、属于轻度铅中毒的血液标本 144 份，占本次检测总人数的 19.7%；血铅含量在 250 ～ 449 微克 / 升、属于中度铅中毒的血液标本 163 份，占本次检测总人数的 22.3%；血铅含量高于 450 微克 / 升、属于重度铅中毒的血液标本 3 份，占本次检测总人数的 0.41%。儿童血铅超标事件发生后，陕西省卫生厅根据卫生部《儿童高铅血症和铅中毒分级和处理原则（试行）》的规定，结合本次检测工作的实际情况和凤翔县医疗条件，对血铅含量为 100 ～ 199 微克 / 升的高铅血症和 200 ～ 249 微克 / 升的轻度铅中毒儿童在家进行了非药物驱铅，并指派专业医务人员指导患者开展饮食干预治疗。对血铅含量在 250 微克 / 升以上的中、重度铅中毒儿童，采取入院药物驱铅治疗。治疗一段时间以后，将依据复查结果或继续住院治疗或回家非药物驱铅治疗。

凤翔县县委承诺，根据卫生部相关规定和本次检测工作实际情况，凤翔县已制定了血铅超标儿童治疗方案，对于高铅血症和轻度铅中毒的儿童，政府将为他们配送牛奶、干菜、干果；对于血铅含量在 250 微克/升以上的中、重度铅中毒儿童，采取入院药物驱铅治疗，费用由县财政全额负担，治疗一段时间后将进行复查。地方政府依据长青工业园区总体规划和东岭项目环评要求，对东岭项目区周边 581 户居民逐步完成搬迁工作。

事故原因和教训：

陕西省凤翔县上百名儿童被检出血液中铅含量超标与当地东岭冶炼公司超标排放含铅烟尘直接相关。

总体来看，我国目前的环境标准体系尚难以完全胜任有效保障公众健康的任务，亟须加快改革，建立以健康保障为中心的环境标准制度。这就是为什么在凤翔血铅事件中，会出现污染物排放不超标与环境质量达标下的铅毒污染。虽然企业的污染排放达到了工业排放标准，但与人居指标仍有差距的原因，即我国目前的环境标准体系还不是以公众健康保障为中心的环境标准制度。

凤翔血铅事件同样还暴露出政府在处理环境问题上公共责任的缺失，这也是近年来我国重大环境污染事件屡屡发生的一个根本症结所在。近年来，包括凤翔血铅事件在内的诸多重大环境事件表明，企业或个人的行为并不是引发环境事件发生的关键，地方政府不履行保护环境的公共责任以及履行责任不到位才是导致环境事件频发、民众健康受害的根本症结所在。

从已经公开的报道来看，东岭冶炼在入驻时，环境专家的环评报告明确指出在企业周围 1 000 米以内不宜居住，东岭冶炼业已将 1 500 万元搬迁费用交给了政府。但当地政府却只制定了 500 米内居民搬迁的规划，承诺分 3 年将工厂周围 500 米内住户全部搬迁。然而几年过去，至事件发生时，仍有 425 户居民没有搬迁。当地政府在"血铅事件"曝光之后不惜代价所进行的善后工作，在很大程度上是在为自身公共责任的缺失埋单。

2009 年广东省清远市儿童血铅超标事件

时间和地点： 2009 年 12 月，广东清远市。

涉及化学品： 铅。

事故经过：

广东省清远市经济开发区龙塘镇银源工业区广进员工公寓位于银源工业小区内。该公寓于 2005 年 9 月投入使用，有房屋 380 套，现有住户430 户，人口近 1 200 人，其中 14 岁以下儿童 364 人。2008 年以来，生活在广进员工公寓的儿童先后检测出血铅超标。小区中儿童血铅含量通常为 150 ～ 300 微克 / 升，超标最多的儿童血铅含量达到了 550 微克 / 升。据 2009 年 12 月 31 日广东省清远市疾控中心的检测结果，在接受检测的246 名儿童中，有 8 人检测值为 450 微克 / 升以上，属于血铅重度超标，其余为正常及轻、中度超标。而正常人体每升血液中的铅含量参考值：0至 15 岁为 0 ～ 100 微克；16 岁以上为 0 ～ 249 微克。大部分儿童因为血清超标，出现了多动、入夜狂躁、没有食欲、头发发黄、免疫力下降等症状。事件发生后，当地政府采取了如下两条措施：一是关停污染源。12 月 26日 11 时，清远市环境保护局向广东奥克莱电源有限公司下达《关于责令停产整治的通知》，责令其停产整治。该公司随即停止了生产和排污。二是组织广进公寓和银源工业区周边生活区的儿童进行复检排查，以获得血铅超标患儿的准确数据。对检测值在 449 微克 / 升以下的儿童，在医生的指导下采取了饮食调整、行为干预及适当的药物干预等相关措施。

事故原因和教训：

经初步查明，造成清远市龙塘镇银源工业区部分儿童血铅超标的主要因素有：

（1）经当地环保部门认定，铅污染源为与居民生活区仅约30米远的一家蓄电池生产企业（奥克莱电源有限公司则良蓄电池厂）。根据广州市环境监测中心站和清远市环境监测站监测的结果，则良公司无组织排放废气超标、外排废水超标是造成清远市龙塘镇银源工业区部分儿童血铅超标的主要因素之一。

（2）污染源企业劳动卫生防护监督不到位且工人劳动防护意识薄弱。该公司虽然制定了劳动卫生防护制度，在厂区内张贴了"注意事项"等，要求工人下班时要漱口、淋浴、更衣后方能离开车间，并在厂内设有多个更衣室和淋浴室。但该公司对工人的劳动卫生防护制度执行缺少有效的监督，工人普遍缺乏劳动卫生防护意识。下班后工人离开工厂时，不漱口、不淋浴、不更衣，直接穿着工作服回家的情况普遍存在。这也是直接和间接地造成部分儿童血铅超标的因素之一。

（3）该住宅公寓离污染源企业太近。银源工业区配套生活区"广进员工宿舍"南面约8米宽的马路之隔就是一家"吉成铝业"的制铝企业。则良蓄电池厂紧紧挨着这家制铝企业，距离员工宿舍仅约30米，站在公寓楼下就能闻到工厂烟囱中排出的白色烟柱的阵阵臭味。出现血铅超标的主因在于居住环境的空气受到污染。该公司通过租用周边厂房，把厂区规模从原来环评通过时的2万平方米扩大到约3.6万平方米。广进员工公寓距则良公司主要生产车间约150米。该公司拥有员工约500人，其中有50人居住在该公寓，有11名工人是血铅超标儿童的家长。开发商在规划建设员工公寓时离污染源太近，是导致此次事件发生的安全隐患，开发商对这次事件也应负有一定的责任。

（4）银源工业区内，特别是广进员工公寓附近设有众多的饮食店、小卖部等，其食品、玩具、衣服易受污染，也是造成清远市经济开发区龙塘镇银源工业区部分儿童血铅超标的另一因素。事件表明，铅生产排放企业的配套生活区绝不能离工厂距离太近。铅生产排放企业与居民住宅生活小区之间应当留有适当的安全间距。工厂离生活区太近，即使工厂的铅尘排放达标，但是人群长期接触也会造成健康危害。重金属工厂排放污染物的监测频次问题也值得引起注意。清远市环境监测站 2009 年 9 月 3 日针对该厂噪声和废水检测报告显示，该蓄电池企业各项排放指标都符合国家标准，2009 年 11 月 5 日对该厂废气进行检测，硫酸雾和铅尘排放也符合国家标准。但是，环境监测部门对其废气监测频率为一年一次，瞬时采样不能真实反映出企业日常铅污染物的排放情况，瞬间一次的监测结果可能与日常实际排放情况相偏离。对于涉铅等重金属排放企业，无论其生产规模大小，都应当提高其环境监测频率。

（5）国家环境质量标准要求过低也是导致污染企业"达标排放"，而居民"血铅超标"现象同时存在的原因之一。根据世界卫生组织规定，土壤含铅量标准为不超过 90 微克 / 千克，而我国土壤含铅量标准为最高不超过 300 微克 / 千克，超过世界卫生组织的 3 倍。与世界卫生组织制定的标准相比，我国目前执行的土壤环境质量标准过于宽松，需要调整修订。

防范措施建议：

1. 严格新建涉铅建设项目环保审批，淘汰落后产能

对于铅酸蓄电池、铅冶炼、废弃电器和电子产品拆解再生等涉铅建设项目应严格项目选址和环境影响评价与"三同时"审批，确保铅污染物达标排放。合理调整涉铅重金属企业布局，严格落实卫生防护距离。坚决禁止在重点防控区域新改扩建增加重金属污染物排放总量的项目。淘汰现有不符合环境保护要求的落后产能。

加强对废弃电子电气设备再生利用业（如铅酸蓄电池、计算机）的环境监管，确保在采取适当工业卫生措施的情况下进行含铅废弃物再生利用作业。取缔非法含铅废弃物的再生利用活动。对造成污染的重金属污染企业加大处罚力度，采取限期整治措施，仍然达不到要求的，依法关停取缔。

目前铅生产、使用企业的铅污染物排放和当地儿童血铅超标之间因果关系有待进一步科学认证。从理论上来说，即使该企业排放铅浓度符合排放标准，依然有可能给周围环境带来危害。企业排放铅污染物达标并不等于说不排出铅尘，按照以往的排放标准规定的排放量短期内虽不会对人体造成危害，但是如果长期排放的铅尘沉积下来会造成土壤和农作物的"沉积性污染"，被人体摄入后仍可能引起血铅超标现象。因此，应当加强对历史遗留铅污染场地的鉴定识别，采取措施积极妥善处理重金属污染历史遗留问题。

2. 淘汰铅的部分使用，从源头削减铅污染源

坚决淘汰铅作为机动车汽油添加剂的使用，严格管制其他含铅燃油的使用。逐步淘汰下列产品和日常用品中铅的使用：

——含铅涂料，包括添加了铅而用于各种用途的油漆、清漆、亮漆、着色剂、瓷漆、釉料、底漆或涂料；

——在食品和饮料罐以及饮水管道中淘汰含铅焊料的使用；

——在学校教学用具以及儿童玩具中淘汰含铅材料的使用；

——在家庭烹调、餐饮用陶瓷器皿中淘汰铅釉的使用；

——鼓励更换含铅水暖设备和管件，或者采取其他腐蚀控制措施，尽量减少铅在供水系统中的溶解；

——识别和淘汰传统医药品和化妆品中铅的使用。

3. 将防范重金属的人群健康风险纳入国家工业污染防治体系

近年来，一系列轰动全国的儿童"血铅超标"事件以及土地和农作物遭受重金属污染事件已经成为人们关注的焦点话题。根据有关部门公布的数据，全国约有 64% 的城市地下水遭受了严重污染，每年因被重金属污染的粮食高达 1 200 万吨。近年随着我国城市化进程的加快，一些关停并转的钢铁冶炼、金属尾矿、化工企业等行业企业污染场地的土壤中残留有砷、铅、镉、铬等重金属、持久性有机污染物等有毒有害物质，需要采取有效方式对土壤中残留的有毒有害物质进行安全处置，以消除二次污染。由于重金属难以降解，地下水和土壤一旦被污染，清除治理起来格外困难。在《重金属污染综合防治"十二五"规划》中，国家已将内蒙古、江苏、浙江、江西、河南、湖北、湖南、广东、广西、四川、云南、陕西、甘肃、青海 14 个省区和 138 个区域划定为重点治理省区和区域,并将采矿、冶炼、铅蓄电池、皮革及其制品、化学原料及其制品五大行业的 4 452 家企业列为重点监控企业。铅等重金属污染防治问题仍然是一项极富挑战性的任务。我国现行《环境空气质量标准》(GB 3095—2012)中规定铅年平均浓度限值为 1.0 微克 / 米^3,与世界卫生组织推荐的浓度限值标准相同。但是我国《大气污染物综合排放标准》(GB 16297—1996)中铅最高允许排放浓度为 0.9 微克 / 米^3,依靠生产企业达标排放为目标的我国工业污染防治体系恐难满足保障环境健康的需求。因此,为了从根本上遏制"血铅超标"等污染事件的发生,迫切需要将防范重金属对人群健康的风险纳入到现行工业污染防治体系中,修订完善铅等重金属污染物排放标准。

4. 加强对铅污染源和健康排查的监测

应当加强对涉铅行业职业接触人员血铅水平的检测,及时开展对突发铅污染事件涉及地区儿童和育龄妇女血铅水平的检测。加强污染地区土壤中铅浓度的监测,收集相关食品原料中铅的数据,鉴别发现含有高浓度铅的食品原料,判定铅污染的来源并采取适当措施。

5. 开展铅污染危害宣传教育

积极开展宣传教育活动,普及铅污染危害及其防范措施的科学知识,促进年幼儿童和育龄妇女健康保护,避免在其生活环境中接触铅。宣传对象包括普通民众、国家和地方公共卫生和医疗团体、铅及含铅产品的生产、销售、进口厂商、下游使用者以及相关政府主管人员。

6. 努力做好事件的损害评估,全力保障人民群众的身心健康及合法权益

血铅污染事件一旦发生,应做好环境污染损害鉴定评估工作。环境污染损害鉴定评估是对环境污染导致的损害范围、程度等进行合理鉴定、测算,为环境管理、环境诉讼等提供服务,出具鉴定意见和评估报告。此类事件损害评估的相关资料是受害群体维护合法权益的有力证据,也是记录企业违法行为造成严重后果的有力证据,更是当地政府和职能部门对企业进行处罚的有力证据。

7. 保障公众的环境知情权和参与权

在突发环境事件中，应当根据"属地原则"，以有助于公众环境知情权和参与权实现为目的，将环境污染事件发生及其解决过程与方式、本地建设的项目的环评结果、污染企业致害机理、环境污染与健康损害之间的内在关联等内容，及时且真实地向公众动态公布。构建环境信息联动和部门共享机制。环境与健康是一个有机的整体，需要各职能部门之间的配合，其中一个重要方面就是信息共享。信息的共享会节约大量成本，使职能部门在成本最小的情况下，在最短的时间内考虑到各方面的因素，作出最有利于环境的决策。因此，要构建纵横交错的环境信息共享平台，从职能部门之间的联动和信息共享上看，在与生态环境和公民健康相关的职能部门之间建立长效的常规信息共享平台与交流机制；从地区信息共享上看，尤其要重视跨行政区域环境污染信息的共享与联动。建立这样的联动和共享机制，就能够保证时间上连续、空间上全面的环境质量状况和环境污染相关疾病与死亡的发生状况以及有关分析结果为各管理部门动态掌握。

拓展环境与健康事件的信息来源并及时公开，以血铅超标事件应急处置为例，为便于环境污染健康损害问题的早期发现和预警，应扩大事件收集范围，除包括有明确的污染原因，如安全生产事故、交通事故、违法排污行为等原因所导致的健康损害的环境事件外，还应该针对突发环境事件对于公民健康和生态环境造成的不可逆转的损害的特性，对存在潜在健康风险的污染事件以及经媒体曝光或民众举报的可能与环境污染有关的健康损害事件进行收集。同时，突发环境事件环境信访相关信息应与环境与健康工作关联，充分利用环境保护部门、卫生部门已有的环境与健康事件调查成果和环境污染健康损害高风险区域数据，予以共享和公开。

2010 年福建紫金矿业公司污水池泄漏
重大环境污染事件

时间和地点：2010 年 7 月 3 日，福建省上杭县。

涉及化学品：含铜等重金属的酸性废水。铜是人体健康不可缺少的微量营养素，在人体内含量为 100 ～ 150 毫克，但如过量，会引起肝硬化、腹泻、呕吐、运动障碍和知觉神经障碍。急性铜中毒开始产生胃肠道黏膜刺激症状，如恶心、呕吐、腹泻，溶血作用特别明显，尿中出现血红蛋白，继而出现黄疸及心律失常，严重时可出现肾功能衰竭及尿毒症、休克。慢性铜中毒，最常见的呼吸系统症状为咳嗽、咳痰、胸痛、胸闷，有的咯血、鼻咽黏膜充血、鼻中隔溃疡，甚至可引起尘肺和金属烟雾热。眼睛接触铜盐可发生结膜炎和眼睑水肿，严重时角膜出现浑浊和溃疡。

事故经过：

2010 年 7 月 3 日 15 时 50 分左右，福建省上杭县紫金矿业集团股份有限公司紫金山金铜矿（以下简称紫金山金铜矿）所属的铜矿湿法厂污水池 HDPE 防渗膜突然破裂，造成含铜酸性废水渗漏并流入 6 号观测井，再经 6 号观测井通过人为擅自打通的与排洪涵洞相连的通道进入排洪涵洞，并溢出涵洞内挡水墙后流入汀江，泄漏含铜酸性废水 9 176 立方米，造成下游水体污染和养殖鱼类大量死亡的重大环境污染事故，上杭县城区部分自来水厂停止供水 1 天。

7 月 16 日，用于抢险的 3 号应急中转污水池又发生泄漏，泄漏含铜酸性废水 500 立方米，再次对汀江水质造成污染，致使汀江局部水域受到铜、锌、铁、镉、铅、砷等的污染，造成养殖鱼类死亡达 370.1 万斤，经鉴定鱼类损失价值人民币 2 220.6 万元；同时，为了网箱养殖鱼类的安全，当地政府部门采取破网措施，放生鱼类 3 084.44 万斤。

紫金山金铜矿湿法铜生产被全面停产整顿后，紫金矿业委托权威资质机构和专家开展金铜矿安全环保系统后评价，重新规划调整和建设了环保工程设施，以确保废水处理达标排放。2011 年 1 月 30 日，福建省龙岩市新罗区人民法院刑事判决紫金山金铜矿公司犯重大环境污染事故罪，判处罚金 3 000 万元，事故的 5 名直接责任人员分别被判处三年到四年六个月有期徒刑，并处以罚金。

事故原因和教训：

该事件是一起由特大自然灾害引发和有关涉事单位违法违规造成的安全责任事故。导致此次泄漏的原因主要有三个方面：发生泄漏的诱因是台风"凡亚比"引起 200 年一遇的特大暴雨，2010 年 6 月中下旬，上杭县降水量达 349.7 毫米；导致泄漏的直接原因是紫金山金铜矿于 2008 年 3 月在未进行调研认证的情况下，违反规定擅自将 6 号观测井与排洪涵洞打通，企业的安全责任不落实；导致泄漏的间接原因是自 2006 年 10 月以来，紫金山金铜矿所属的铜矿湿法厂清污分流涵洞存在严重的渗漏问题，虽采取了有关措施，但随着生产规模的扩大，该涵洞渗漏问题日益严重。

紫金山金铜矿在建设、生产过程中，违法违规建设、擅自违规进行重大设计变更、长期违法违规生产、安全生产管理混乱、各项安全措施不到位、安全生产责任制不落实、环境保护观念淡薄、环境风险意识差，对事件发生负有主要责任。其主要表现在：

（1）企业各堆浸场、富液池、贫液池、萃取池、防洪池、污水池均采用高密度聚乙烯（HDPE）衬垫防渗膜作为防渗漏措施。但由于各堆场及各池底未进行硬化处理，防渗膜承受压力不均，导致各堆场及各溶液池底垫防渗膜均出现不同程度的撕裂，污水渗漏问题严重。加之台风带来的罕见特大暴雨的影响，紫金山金铜矿湿法厂存放待中和处理的含铜酸性污水池区域内地下水位迅速抬升，造成污水池底部压力不均衡，形成剪切作用，使防渗膜多处开裂，污水大量渗入地下并外溢至汀江。

（2）紫金山金铜矿对自身环境安全隐患认识不到位，事件发生后对突发事件的应对不够及时有力，贻误了最佳处置时期。企业人为非法打通6号集渗观察井与排洪洞，致使渗漏污水直接进入汀江。7月3日15时50分，企业发现污水渗漏，虽然采取了紧急处置措施，但对可能产生污染的严重后果估计不足，且未向当地政府及有关部门报告，致使该事件影响扩大。

（3）监测设备损坏致使事件未被及时发现。经调查，因设在企业下游的汀江水质自动在线监测设备损坏且未及时修复，致使事件发生后污染情况未能被及时发现。渗漏事件发生9天后，紫金矿业才正式对外公布。该事件还反映出地方环保部门执法不严、监管不力等问题。2009年9月，福建省环保厅在日常执法中即发现紫金矿业集团存在的重大环境安全隐患，曾对企业提出整改要求，但未严格落实，致使事件发生时企业仍未整改到位。同时，福建省相关环保部门对企业的监管工作不够认真细致，自动在线监测设备出现故障后未能及时修复，导致事件未能被及时发现。此外，地方环境应急管理体制不健全，环境应急管理能力薄弱。福建省相关环保部门对环境应急管理在环境保护工作中的重要性认识不到位，以致发生重大突发环境事件时，报告不够及时、准确、全面，应对突发环境事件能力较差。此外，尾矿坝的设计、施工单位、监理单位和安全验收评价单位存在违反相关规定的情形，对泄漏也分别负有责任。有关政府和职能部门未依法认真履行职责，对紫金山金铜矿违法违规建设运行尾矿库以及安全生产等问题执法和把关不严、监管和检查不到位，对事件的发生负有管理责任。

由紫金山金铜矿泄漏事件可以看出，我国环境保护相关的法律制度上存在缺陷。

（1）企业违法成本低，追究赔偿难。据媒体统计发现，至2010年7月的两次重大事故，紫金矿业在13年间已经发生11起环境"大事"，而受刑事处罚的仅这一次。虽然环保部门给予了千万元的经济罚款，但根据紫金矿业 2009 年年报显示，公司销售收入 209.56 亿元，净利润高达 35.41 亿元，行政和刑事处罚总金额还不过其利润的 1%，违法成本过低、刑事处罚的缺位暴露了我国环保方面存在的问题，这也是导致紫金矿业屡屡犯错的重要症结之一。在这样的司法背景下，不仅企业不用承担"足够威胁"的经济负担，企业的利益既得者也没有"牢狱之灾"。环境损害确定是一个非常重大的困难，紫金矿业案中遇到的一个关键问题是损害赔偿的范围怎么认定。2008 年修订的《中华人民共和国水污染防治法》，也仅是规定："对造成重大或者特大水污染事故的，按照水污染事故造成的直接损失的 30% 计算罚款"。虽然取消了 100 万元的上限，但仍无法完全涵盖其所造成的损失。在考虑实际损失时，目前企业仅赔偿了渔民的经济损失，而此次事件造成的社会经济方面的损失和环境生态安全的危害都没有考虑在内。由于环境犯罪的对象的不特定性和危害的潜伏性，因而环境犯罪受害者的范围和造成的损失具有不确定性的特点。同时，目前各级环保部门的主要任务是对污染事故以及环境损害事件进行处置和协调，环境污染损害评价职能未明确，专门从事环境污染损害原因的技术鉴定机构仍在起步阶段，也缺少相应的人员和资金开展这方面的工作，使得受害方利益不能得到保障，环境资源损害不能得到修复或赔偿。

随着工业化、城镇化的快速发展，环境污染问题在我国已集中显现，有些污染事故涉及的范围广、持续时间长，严重危害公众人身财产安全和生态环境安全。但从事件处理过程来看，政府的举证往往很难认定责任方，居民的诉讼往往不能确定损失量，即使委托专业部门进行鉴定，由于缺乏资质，也难以得到司法部门的认可，成为有效的证据。从事件的处理结果看，不仅环境损害的赔偿远不能足额到位，污染受害者即使将污染加害方告至法院，也由于拿不出污染损害的鉴定评估报告，得不到足额的赔偿，甚至连基本的赔偿也得不到；类似土壤污染、生态环境破坏、水域污染等方面的公益环境损害，由于无法对污染损害进行鉴定评估，这些损害更是无人赔偿。环境犯罪侦查难，其中不可忽视的一环是鉴定机制缺失，当前鉴定机制的建立健全迫在眉睫。

（2）企业主体责任意识差，公众监督难。企业的环境责任是社会责任的一个重要部分。明确企业环境保护的责任，建立所有主体参与的约束机制，是实现企业乃至整个社会可持续发展的明智之策。

环境合作原则，是指包括政府、民众、产业界在内的所有的环境使用者都有相互合作、共同保护环境的责任。反思我们的环保工作中，政府仍习惯于职权主义思想，采取集权式的家长管制，忽视民众参与和沟通，因而常常事与愿违。如在紫金矿业污染事故中，地方政府采取了救助措施却仍然受到责难，这恐怕与其信息沟通不畅、徒增公众的恐慌情绪不无干系。上述缺陷在环保领域，受环境因子多样性和环境损害复合性、潜伏性的影响，劣势更加突出。

针对上述问题，如下三项措施非常重要：

（1）尽快建立健全环境污染损害鉴定制度。最高人民法院、公安部、环境保护部等部门应尽快联合研究规范环境刑事案件鉴定制度，从单一的环境污染事故经济损失评估到影响范围更大、破坏性更强、数量更多的一般性环境污染损害事件的评估与鉴定，建立一套完整的环境污染损害评估技术方法体系和环境污染损害风险等级评定方法，完善相关法律体系条款，逐步建立完善环境损害评估鉴定技术、工作、制度和法律体系。

（2）运用合作原则，使政府、企业同民众共同进行企业环境管理，建立强有力的环保监督机制。这样可以使政府、企业与民众形成合力，更促使政府与公民、产业界间的合作磋商，并动员社会力量（如环保团体、环保受托组织等）参与环境监督和保护。加强群众监督，首要问题是要给公众监督权以合法的实现路径和规范的法律程序。有民众的参与，必将使违法者无所逃遁，守法者诚信加强。

（3）需要建立一个新型的环境信息平台。公共信息交流平台必须要能够保证信息的真实性。首先需要立法对企业设定强制环境信息公布的义务，特别是规模较大或高危污染的企业，必须定期公开其污染物排放状况、污染防治预案及年度实施情况等信息。环保部门要有针对污染物的全面信息，以及环境监测数据和污染事故处理情况记录资料等。同时，一个公共交流平台也是十分必要的，它必须能够准确而全面地反映大多数人的想法与顾虑，有效的信息交流能使民众个体了解他人的想法和做法，共同执行已经达成的合作规则，实现有效的监督和制裁。针对我国环境保护已面临复杂的诚信危机而言，建立这样的信息交流平台已势在必行；通过制度化的信息互动平台，政府和企业可以将环境现状告诉公众，使民众正视问题并能够参与解决。沟通平台上，还应设立信息反馈机制，便于决策部门听取并采纳公众的合理意见，不采纳的应当解释说明理由。

案例 25

2010 年大连 "7·16" 中石油输油
管道爆炸火灾事故

时间和地点：2010 年 7 月 16 日，辽宁大连港。

涉及化学品：原油、脱硫化氢剂（含过氧化氢 50%；异丙醇 10%；乙醇 4.9%；对苯二酚 0.1%）。其中过氧化氢化学性质活泼，在热、光、粗糙表面、机械杂质等外界因素作用下，分子结构中 O—O 键容易断裂，引发氧化反应。

事故经过：

中国石油大连中石油国际事业公司与大连港股份公司合资企业国际储运公司在大连原油罐区内建有 20 个储罐，库存能力为 185 万立方米。周边还有其他单位的大量原油罐区、成品油罐区和液体化工产品罐区，储存原油、成品油、苯、甲苯等危险化学品。

2010 年 7 月 15 日 15 时 30 分左右，新加坡太平洋石油公司所属一艘 30 万吨 "宇宙宝石" 油轮在大连新港卸油，卸油作业在两条输油管道同时进行。20 时左右，公司作业人员开始通过原油罐区内一条输油管道上的排空阀，向输油管道中注入脱硫化氢剂。7 月 16 日 13 时左右，油轮暂停卸油作业，开始扫舱作业，但注入脱硫化氢剂的作业没有停止，将剩余约 22.6 吨脱硫化氢剂加入了管道。18 时左右，在注入了 88 立方米脱硫化氢剂后，现场作业人员加水对脱硫化氢剂管路和泵进行冲洗。18 时 8 分左右，靠近脱硫化氢剂注入部位的东侧输油管道突然发生爆炸，引发火灾，造成部分输油管道、附近储罐阀门、输油泵房和电力系统损坏和大量原油泄漏。

　　事故导致储罐阀门无法及时关闭，火灾不断扩大。原油顺地下管沟流淌，形成地面流淌火，火势蔓延。事故造成 103 号罐和周边泵房及港区主要输油管道严重损坏，部分原油流入附近海域。经过 2 000 多名消防官兵彻夜奋斗，截至 17 日上午，火势基本扑灭。事故造成作业人员 1 人轻伤、1 人失踪；在灭火过程中，消防战士 1 人牺牲、1 人重伤。事故造成直接财产损失为 22 330.19 万元。

　　据中国海监船 7 月 19 日的监视结果，此次爆炸事故导致受污染海域约 430 平方公里，其中重度污染海域约为 12 平方公里，一般污染海域约为 52 平方公里。根据国际环保组织"绿色和平"的调查，当地 1 万多家海产养殖户的贝类水产都遭受污染。其中一家养殖户近 400 亩的贝类养殖场由于石油入侵，部分贝类已经死亡。根据国务院对中国石油大连"7·16"输油管道爆炸火灾事故的调查处理报告，该事故被认定为一起特别重大责任事故。依照有关法律法规规定，对该事故涉及的 64 名事故责任人分别给予了党纪、政纪处分，14 名涉嫌犯罪的责任人被移送司法机关依法追究刑事责任。

　　事故原因和教训：

　　据国家安全监管总局和公安部共同发布的《关于大连中石油国际储运有限公司"7·16"输油管道爆炸火灾事故情况的通报》，该事故暴露出以下主要问题：

　　（1）事故单位对所加入原油脱硫化氢剂的安全可靠性没有进行科学论证。

　　（2）原油脱硫化氢剂的加入方法没有正规设计，没有对加注作业进行风险辨识，没有制定安全作业规程。

　　（3）原油接卸过程中安全管理存在漏洞，指挥协调不力，管理混乱。信息不畅，有关部门接到暂停卸油作业的信息后，没有及时通知停止加剂作业。事故单位对承包商现场作业疏于管理，现场监护不力。

　　（4）事故造成电力系统损坏，应急和消防设施失效，罐区阀门无法关闭。

（5）港区内原油等危险化学品大型储罐集中布置，也是造成事故险象环生的重要因素。事故当天气温28℃，原油温度40℃，脱硫化氢剂中过氧化氢分解温度为34.5℃。由于输油管内诸多杂质存在，油管内过氧化氢开始发热分解。在没有停止输油时，其反应热随输入的原油进入储罐中，不会造成局部管道热量聚积。在停止卸油后，管道中原油和脱硫化氢剂停止流动，过氧化氢反应产生的热量开始蓄积，造成管内温度不断上升，放出的氧气和水随之增多。在密闭的管道中原油部分碳化，最终导致管道承受不了内压而发生爆裂。爆裂产生的剧烈震动和热量使管道内过氧化氢进一步分解，导致爆炸。管道破裂后，大量原油外泄，在火场高温环境中，原油中轻组分逸出与空气混合达到爆炸极限后，发生连续爆炸。

事故的间接原因是中国石油国际事业有限公司（中国联合石油有限责任公司）及其下属公司安全生产管理制度不健全，未认真执行承包商施工作业安全审核制度。中油燃料油股份有限公司未经安全审核就签订原油硫化氢脱除处理服务协议，中石油大连石化分公司及其下属石油储运公司未提出硫化氢脱除作业存在安全隐患的意见，中国石油天然气集团公司和中国石油天然气股份有限公司对下属企业的安全生产工作监督检查不到位，大连市安全监管局对大连中石油国际储运有限公司的安全生产工作监管检查不到位，主要表现在：

（1）罐内储存大量进口高硫原油，原油管道长期处在腐蚀性很强的介质中。在卸油后原有管道内没有及时采取处理措施，导致管壁逐渐减薄，管道承受力下降，最终在最薄弱处爆裂。

（2）天津辉盛达公司违法生产"脱硫化氢剂"，并隐瞒其危险特性。该脱硫化氢剂未经过任何小试、中试和工业化试验，产品未经鉴定和安全性评价就直接投入工业化使用，违反《中华人民共和国安全生产法》关于新产品、新技术应当掌握其安全技术特性的有关规定。

（3）对添加脱硫化氢剂的作用未进行风险辨识和评价，也未制定添加脱硫化氢剂作业操作规程。在油轮停止卸油时，应当如何调整脱硫化氢剂未作具体规定。而且直接向输油管道添加脱硫化氢剂的做法本身违反《石

97

油库设计规范》（GB 50074—2002）的相关规定。

（4）企业整个卸油和添加脱硫化氢剂工作的安全管理混乱，指挥协调不力。卸油加剂工作应当由船方、港方和加剂方三方共同商定作业流程和控制参数，明确各方职责。而在此次卸油加剂作业中，船方已经停止向岸上卸油后，加剂方获悉此信息后，仍然坚持继续加脱硫化氢剂，最终导致事故发生。

（5）依据"石油石化企业安全设计管理规范"规定，所有石油储备库都要设计事故池。而目前已经设计完成的石油储备库如果缺少事故池，或设计不符合要求，都要求重新设计。大型石油储存库区设计建造事故池，一旦发生泄漏事故，可临时储放泄漏的原油和化学品。大连新港石油储备库建成时间在 2009 年，按照时间推算，该储备库应该有事故池的设计。但是，大连库区原油罐区却没有设计建造事故池，从而导致原油大面积流向大海，造成严重污染。发生爆炸事故时，为了避免整个库区的爆炸引起更大的污染，只得通过防洪口将泄漏的原油排向大海。

我国已经规划了多个石油储备地，未来的石油储备基地仍将大规模地建设，需要充分考虑这一问题。国务院在批复同意事故调查组提出的事故防范措施和整改意见中，要求各地区、各有关部门和企业深刻吸取事故教训，切实落实安全生产责任，认真组织开展石油库安全、消防、环保等方面的隐患排查，限期彻底整改；对在建的石油库建设项目进行全面清理整顿；进一步完善大型石油库和化工建设项目的规划布局；制定完善我国石油库设计标准，进一步提高安全、环保准入门槛。中国石油天然气集团公司要深刻吸取事故教训，切实加强安全生产和环境保护工作；各有关部门要切实履行监管职责，全面加强危险化学品安全和环境监管，防止生产安全和环境污染事故发生，切实维护人民群众的生命财产安全。

案例 26

2010 年南京市栖霞区丙烯管道爆炸
造成上百人伤亡事件

时间和地点：2010 年 7 月 28 日，南京市栖霞区。

涉及化学品：丙烯。无色压缩液化气体，主要用于制造聚丙烯、丙烯腈、环氧丙烷、丙酮等。根据《常用危险化学品的分类及标志》（GB 13690—92），丙烯属于第 2.1 类易燃气体，爆炸极限为 1.0% ～ 15.0%，其危险特性是易燃，与空气混合能形成爆炸性混合物，遇热源和明火有燃烧爆炸的危险。

事故经过：

2010 年 7 月 28 日 9 时 30 分，位于南京市栖霞区迈皋桥街道万寿村 15 号的原南京塑料四厂地段，在拆迁施工过程中，施工队伍挖穿了向南京金浦集团金陵塑胶化工有限公司输送物料的地下丙烯管线，造成大量液态丙烯泄漏。10 时 11 分左右，泄漏的丙烯遇到附近餐馆明火发生大面积爆燃，爆炸形成的冲击波传至距离 10 多公里外的鼓楼地区。爆炸核心区域一片狼藉，上百棵法国梧桐树变得光秃秃，树叶落在地面上一触即碎。周围 1 公里左右的街道上大部分玻璃被震碎，防盗窗被冲击变形，靠近爆炸点的几栋老居民楼只剩下钢筋和大梁，甚至距离爆炸现场 30 公里左右的南京新街口、成贤街、中央门、丹凤街、珠江路等繁华市区都有明显震感。

南京市消防支队接"110"转警后，立即调集 4 个中队、15 辆消防车赶赴现场。消防官兵到场后，迅速对周边被引燃的车辆和建筑残火进行扑救，并用喷雾水枪控制泄漏点火势，形成稳定燃烧。有关单位将泄漏点两

端的阀门关闭。15 时许，现场火情得到初步控制。23 时左右，被挖穿的
丙烯管道两端用盲板隔离。现场明火于 29 日凌晨全部扑灭，隐患全部排除。
事故发生后，环保部门第一时间在事故现场及周边地区设置 8 个流动监测
点，并对 10 公里范围内的空气质量自动监测点进行实时数据分析。监测
结果表明，事故对周边环境未造成严重影响，未引发次生环境污染。

截至 29 日，事故已造成 13 人死亡，120 人住院治疗，其中 28 人重伤（抢
救后有 14 人已经脱险）。抢救伤员所需大量血浆造成南京市各医院血库告
急，只得号召南京市民紧急献血。事故最终造成 22 人死亡，周边近 2 平
方公里范围内的 3 000 多户居民住房及部分商店玻璃、门窗不同程度破碎，
建筑物外立面受损，少数钢架大棚坍塌，直接经济损失达 4 784 万元。

事故原因和教训：

1. 挖掘机械违规碰裂地下丙烯管线

2010 年 8 月 1 日，国务院安委办通报了南京丙烯管道爆燃事故，经
调查分析，初步认定事故发生的直接原因是施工队伍盲目施工，挖穿地下
丙烯管道，造成管道内存有的液态丙烯泄漏，泄漏的丙烯蒸发扩散后，遇
到明火引发大范围空间爆炸，同时在管道泄漏点引发大火。

丙烯管道于 2002 年投入使用，途经原南京塑料四厂旧址，直径 159
毫米，输送压力 2.2×10^6 帕，输送距离约 5 公里，用于金陵石化公司码头
向由江苏金浦集团控股的南京金陵塑胶化工有限公司输送原料丙烯，管道
属于江苏金浦集团所有。从 2003 年开始，南京市政府开始对爆炸地点一
带的老工厂进行拆迁。该地块曾有塑料四厂、地板厂、石料厂、液化气厂、
加油站、加气站等数家工厂，除了百家液化气厂和新修建的加油站、加气
站之外，其余的工厂都已经被拆迁。爆炸的地点就位于已经废弃的塑料四
厂中，事故发生时，管道处于停输状态，管道内充满丙烯。

政府之所以启动拆迁，是因为城市的发展使得原南京塑料四厂已经被
居民生活区包围，并且拆迁之后可以形成一定规模的商业用地。从塑料四
厂区地下穿越的有两根丙烯管线，一条是烷基苯厂输送到金陵塑胶公司，

另一条是炼油厂输送到金陵塑胶公司。工厂施工方为扬州宏远开发有限公司。查明事故的原因为施工人员在原南京塑料四厂厂区场地平整施工中，挖掘机械违规碰裂地下丙烯管线，造成丙烯泄漏。丙烯与空气形成爆炸性混合物，遇明火后发生爆燃所致。在事故发生前 8 时 30 分左右，附近居民就闻到了类似煤气的味道，随后便有人报警，接近核心区的居民开始自动撤离。在消防员赶到并试图关闭管道阀门时，爆炸突然发生。

2. 施工方无视"地下有管道"警告，是造成此次事故的主要诱因

2010 年 12 月 7 日，江苏省安委会办公室公布了事故调查处理结果，认定直接原因是个体施工队伍擅自组织开挖地下管道，现场盲目指挥。间接原因是开发办等相关单位违反招投标规定将拆除工程直接指定给无资质的个体拆除业务承揽人，且未履行业主应承担的安全管理工作职责，管道所属单位安全监管不力。

从法律角度来讲，事故的责任要追到源头，即发包方（或称业主）和总包方（承接发包方全部工程的行为主体）。一般来说，总包可以将部分工程分包，即一级分包，但是分包只有两级，再分包或转包都属于违法操作。另外，总包方须派出专职的技术和安全人员对工程进行监理。对发包方来说，有对施工所有环节进行监督的义务，并附有责任。该拆迁工程转包给了扬州鸿运基础设备建设开发有限公司，由该公司负责平整土地，拆除地面建筑。但是该公司负责人违规将工程层层转包给其亲属个体承包。在事故发生前，原四厂的留守人员和当地街道已经找过施工队，提醒他们下面有管道，不能施工。在废弃的厂房区里，随处可见红色字体标记的"危险，严禁开挖，下有易燃易爆化工管道"提示牌。但是正是这种违规转包的行为，使得整个拆迁工程未能在安全拆迁的要求和监督下进行。同时，个体拆迁单位安全意识淡漠，无视"地下有管道"的警告，是造成此次事故的主要诱因。

3. 施工现场地下管线分布情况不明

南京市是一座重化工城市，江北、大厂、雨花和梅化等区都埋有各类化工物料管线。城市管网交叉建设，底数不清。燃气、电力、通信、给排水等管线是城市的"生命线",而天然气管道被挖破、自来水管道被挖坏、地下光缆被挖断等事故时有发生。现阶段各类管线单独建设、分割管理,没有统一的牵头部门和完整的管理体制。

南京市地上和地下铺设的物流运输管线合计约有 6 000 公里,其中 95% 铺设在地上,5% 铺设在地下。按照国家新规定和标准,像丙烯这种危险品物料运输管线应该铺设在地面上运输。事故中被碰裂的丙烯管道属于金陵塑胶厂,该塑胶厂已被列入了燕子矶地区搬迁企业名单,将于 2011 年 10 月前关闭。由于历史变革等原因,事故场地的地下管线分布情况与管线分布图纸存在很大差距。发生爆炸的原塑料四厂的区域前后曾有百家液化气厂和中石化加油站、加气站以及金陵塑胶化工有限公司,多年前铺设的地下物料管道业已老化。在这片遍布着化工管道老企业的场地上,由拆迁工人用锹镐工具盲目拆迁挖掘,危险性剧大。通常施工项目管理单位在组织项目施工前,应当认真查阅有关资料,全面摸清项目涉及区域地下管道的分布和走向,制定可靠的保护措施。凡涉及地下管道的施工项目,施工前项目管理单位要召集管道业主、施工和现场安全管理等有关单位,召开安全施工协调会,对安全施工作业职责分工提出明确要求。不明情况时,严禁进行地面开挖作业。长期以来,随着危险化学品废弃场地拆迁在全国的大规模开展,安全问题未得到应有的重视。针对不同的建筑物与不同的地形,应当由专业人员进行拆迁,而施工方为了省时省力,极少雇用专业人士。

4. 城市规划布局不合理,存在严重隐患

对这种多年前铺设的化工管道以及在随后形成的居民集聚区的城市布局和安全防范已成为城市建设中需要考虑和解决的问题。事故区域附近不少居民仍没有搬走,废弃工厂附近 2 公里范围之内仍是密集的人口聚集区,有着十多个小区、幼儿园、超市、家具城等。事故发生后南京市政府设立了专门机构,对全市范围内的地下管线分布情况进行物理探测、重新标识和全面摸底检查,准备用 2 ~ 3 年时间将这些地下危险品原料运输管线全部清理掉。

随着经济的不断发展和城市的急剧扩张，许多城市与南京一样出现了城区中工厂与居民区交错分布的情况，给居民生命及财产安全埋下巨大隐患。由于人口密度较大，一旦出现危险容易导致群死群伤事故。有些地方虽已开展化工企业搬迁工作，但形势依然严峻。

5. 城镇地面开挖施工安全监管不力

挖掘不当是导致管道事故的重要原因，据统计在美国其比例约占13%，在我国其比例更高。目前涉及管道挖掘作业时，施工方不严格向有关部门报批、不重视查看地下管线图、不预先进行现场勘察，而相关部门又缺乏对城镇拆迁和地面开挖施工作业的安全监管，相应的保护措施和安全责任得不到落实。政府主管部门要加强对城镇地面开挖施工作业和拆迁过程的安全监管，建立作业报批制度。对可能涉及地下管道的施工作业，施工单位必须全面掌握地下管道的分布和走向，并采取切实可靠的保护措施。

6. 公众风险意识和应急能力有待加强

重视风险沟通，加强危险化学品企业、政府主管部门和社区居民三者之间的风险沟通，可以让政府主管部门明确监管重点，社区居民明确社区周围所存在的危险和发生事故时应采取的应急避险措施。针对距离居民区较近的危险化学品企业（管道），制定有针对性的应急预案，提高事故风险防范能力和事故自救互救能力。

2010 年吉林市 7 138 只化工原料桶
被洪水冲入松花江事件

时间和地点：2010 年 7 月 28 日，吉林省吉林市永吉县。

涉及化学品：三甲基氯硅烷和六甲基二硅氮烷。三甲基氯硅烷：无色透明液体，有挥发性，在潮湿空气中易水解而成游离盐酸。易燃，遇高热、明火或与氧化剂接触，有引起燃烧爆炸的危险。受热或遇水分解放热，放出有毒的腐蚀性烟气。具有腐蚀性。对呼吸道和眼睛、皮肤黏膜有强烈刺激作用，吸入后可因喉、支气管的痉挛、水肿，以及化学性肺炎、肺炎、肺水肿而致死，接触后往往有眼痛、流泪、咳嗽、头痛、恶心、呕吐、喘息、易激动、皮肤发痒等症状。六甲基二硅氮烷：无色透明液体，无毒，略带胺味。遇明火、高温、氧化剂易燃，遇水分解为有毒硅化物气体，燃烧产生有毒氮氧化物烟雾。吸入、皮肤接触及吞食有害，可引起灼伤。

事故经过：

2010 年 7 月 28 日，吉林市永吉县遭遇连续 12 小时超过 200 毫米的强降雨。受暴雨形成的特大洪水影响，永吉县两家化工企业——新亚强生物化工有限公司（以下简称新亚强）和吉林众鑫集团（以下简称吉林众鑫）的 7 138 只化工原料桶（每桶重 160～170 公斤）被冲入当地的温德河，随后进入松花江并顺松花江的水流冲往下游地区，给下游水环境安全造成重大隐患。桶装原料主要为三甲基氯硅烷、六甲基二硅氮烷等，其中有 3 476 只为空桶。当日，许多吉林市民发现松花江面上漂浮着蓝色铁皮桶，不断腾起白烟，甚至有人拍到铁皮桶起火的视频。7 月 31 日下午，事发地周边的农田、倒塌房舍四周和及河道上，都发现了蓝色化工原料桶。接到报告后，吉林市环保、安监、消防、公安、交通、卫生等相关部门，在松花江沿线设置了 8 道拦截防线、多个打捞点，组织了上万人在松花江上驾着冲锋艇、拿着铁丝圈进行拦截打捞作业。同时，环保部门沿江布设了 7 个监测断面，对松花江水质随时进行监测，及时向有关部门报告情况。事发后第二天，黑龙江省就派出了一支由环境、水利、交通等部门组成的观察团抵达吉林，近距离察看化工原料桶泄漏可能引发的松花江水污染。而随行的黑龙江省媒体对此进行了密集式报道，两省间对松花江水环境的紧张气氛由此骤然升级。经过数天打捞作业，7 138 个化工原料桶全部被打捞上来。所幸该事故没有对松花江流域造成严重的污染。

事故原因和教训：

（1）该事件是受当地罕见的暴雨引发的特大洪水影响，企业存储的化工原料桶缺少适当的防洪固定措施引起的，但是也反映出该企业的选址和环境影响评价存在问题。作为危险化学品生产使用企业的选址需要综合考虑各种因素，包括该厂生产使用危险化学品品种、使用量和存储量、距离饮用水水源地和社区的安全距离等。新亚强和众鑫两家企业建在松花江吉林城区段上游的饮用水水源地附近，距离温德河河道只有 300 米，不符合安全防护距离的有关规定，在企业选址上存在明显不当。此外，众鑫化工年产 1 万吨醇醚及 1 万吨三乙醇胺项目以及新亚强年产 800 吨六甲基二硅氮烷有机硅产品项目都是 2006 年 12 月通过环评审批验收的，但是在通过环评验收前的 3 个月就已经开始生产。企业的建设项目环境影响评价中没有充分考虑发生特大洪水等自然灾害时可能导致的环境风险，没有采取适当的安全环保防范措施，也为这起事故的发生埋下隐患。

（2）对自然灾害引发的化学品环境污染事件，要进行经验与教训分析，并加强防范。近年来，我国自然灾害频繁发生，由自然灾害导致的次生突发环境事件也处于高发期，预防次生突发环境事件的发生，企业应该加强风险防范意识，主动采取措施预防、控制和减轻次生突发环境事件造成的影响。环保部门应加强对企业危险原料、产品、危险废物的环境监管，对存在重大环境安全隐患的企业责令限期整改，问题严重的要报请当地政府实行停产整顿，同时要建立健全应对次生突发环境事件的风险防范体系。

（3）该事件暴露了我国化学品事故防范与处置支撑体系薄弱。多数易发生污染事故的化学品不在常规监测范围内，针对事故多发的危险化学品研究较少。该事件中三甲基氯硅烷和六甲基二硅氮烷在我国国家标准和行业标准中均没有对应的检测方法，不能及时检测污染水平，判断污染损害为事故判断，科学处置造成了很大的障碍。目前，国内外生产使用的化学品约4.5万种，其中危险化学品4 715种，剧毒化学品300多种，建立危险化学品，特别是环境污染事故优先监测化学品技术体系非常迫切。

2010年安徽亳州跨界倾倒危险废物
污染河流事件

　　时间和地点：2010年9月18日，安徽省亳州市涡阳、利辛两县。

　　涉及化学品：二氯乙烷、甲醇、光气、硝基苯、甲烷等。二氯乙烷：其蒸汽与空气可形成爆炸性混合物，遇明火、高热能引起燃烧爆炸。与氧化剂能发生强烈反应。受高热分解产生有毒的腐蚀性气体，有麻醉作用，吸入、摄入或经皮肤吸收后对身体有害，吸入一定的浓度可致肾损害，反复吸入可造成肝损害。对皮肤有刺激作用，引起皮炎，其蒸汽或烟雾对眼睛、黏膜和呼吸道有刺激作用。有致突变性，怀疑有致癌性。甲醇：短时大量吸入出现轻度眼及上呼吸道刺激症状（口服有胃肠道刺激症状）；经一段时间潜伏期后出现头痛、头晕、乏力、眩晕、酒醉感、意识朦胧、谵妄，甚至昏迷；可使视神经及视网膜病变，出现视物模糊、复视等，重者失明；可导致肾衰竭，最严重者是死亡。光气：无色或略带黄色气体，具有强烈刺激性气味或窒息性气味，吸入后，经几小时的潜伏期出现症状，表现为呼吸困难、胸部压痛、血压下降，严重时昏迷以致死亡。硝基苯：无色或微黄色具苦杏仁味的油状液体，吸入、摄入或皮肤吸收均可引起中毒，中毒的典型症状是气短、眩晕、恶心、昏厥、神志不清、皮肤发蓝，最后会因呼吸衰竭而死亡。其在水中有一定的溶解度，所以造成的水体污染会持续相当长的时间，当浓度超过33毫克/升时可造成鱼类及水生生物死亡。甲烷：易燃，对人基本无毒，但浓度过高时，使空气中氧含量明显降低，使人窒息。

事故经过：

2010 年 9 月 18 日，安徽省亳州市环保局接到涡阳县环保局的报告，一些来历不明的化学物品出现在涡阳境内。经排查，该县共发现这种废弃物 291 桶，有十多桶已经出现泄漏。随后，利辛县境内也发现了 756 桶危险废物，其中有 390 桶已经被倾倒出来。经安徽省环境监测站取样分析，这两处被丢弃的化学物品含有二氯乙烷、甲醇、光气、硝基苯、甲烷等有毒物质，属于《国家危险废物名录》中的危险废物。经详细调查，在涡阳、利辛境内共计发现 1 047 桶危险废弃物。泄漏的化学品流入了公路两侧干涸的沟渠内，事故现场散发出强烈的刺鼻气味。经当地公安部门调查，化学危险废弃物均来自浙江省东阳市横店镇的一家制药厂。利辛县境内的非法倾倒物品是由利辛县的村民从浙江省东阳市运来的。而涡阳县境内的非法倾倒者是为了免费获得盛装危险化学品的铁桶，而将这些化学物品从浙江省拉到老家进行倾倒，从而发生泄漏。在安徽省环保厅的指导下，当地政府组织相关部门和人员对废弃物现场进行拦堵，设立警戒标志，防止造成人畜伤害。对已倾倒的化学危险废物进行无害化处理，将受到污染的土壤收集，与未倾倒的危险废物一起运往滁州市超越新兴废弃物处置中心。为了处置这两起事件，亳州市共花费处置费用 250 余万元，利辛县阜涡河长达 10 公里的汝集段水质已被污染，受污染水量达 11 万立方米，间接损失无法估算。

事故原因和教训：

此次事件是危险废物企业违法转运和处置危险废物的恶性后果。农民非法将危险废弃物转运和丢弃是造成本次污染事件的直接原因。危险废物跨界或越境非法运输在处理过程中存在的以下问题，为监管和处理增加了难度。

1. 隐蔽性和流动性强，涉及的违法主体众多

污染物异地排放行为的参与者众多，关系复杂。在环境执法中，往往是污染物的处置者和运输者最容易被发现，但处置和运输者多无运营资质，流动性大，经济责任能力弱；污染物产生者是污染物的最终来源，主观上有逃避治污责任、节省成本的意图，其性质恶劣，应该承担主要责任，但限于取证难、证据链不完整等原因，污染物产生者相对较为隐蔽，不易被发现。

2. 针对污染物异地违法排放行为进行责任追究的认识与执行尚待加强

作为一种新型的违法排污形式，现行法律法规对污染物异地违法排放行为的违法构成、法律责任等还没有明确规定。虽然《中华人民共和国水污染防治法》第七十五条、《中华人民共和国固体废物污染环境防治法》第六十八条、第七十五条、第七十七条及环境保护部《关于〈水污染防治法〉第二十二条有关"其他规避监管的方式排放水污染物"及相关法律责任适用问题的复函》（环函[2008]308号）等对有关违法行为的规定，可适用于对污染物异地违法排放行为的责任追究，但其规定过于分散、针对性不强，不便于环境执法人员掌握和运用。环保部门的执法手段有限，联动协调机制还不健全，增加了案件办理的难度：相邻区域环保部门之间的信息沟通不畅，导致污染物产生地环保部门不能及时发现污染物异地违法排放行为；相邻区域环保部门在调查取证方面协调配合不足，导致污染物排放地环保部门跨界执法、收集证据存在制度上的障碍和行政成本的增加。在执法手段上，环保部门缺乏扣押运输工具、拘留违法排污行为人等行政权力，与公安、交通等相关部门之间的联动协调机制又不健全，导致环保部门难以独立查明案件真相，更难以独立、及时、有效、全面地办理案件。

3. 制裁手段较为单一，难以起到威慑作用

目前对异地排污违法者的责任追究主要是罚款等行政责任；构成重大环境污染事故罪的，司法机关依据《刑法》第三百三十八条追究刑事责任。制裁手段比较单一，且处罚数额有限，难以对异地排污行为起到震慑和遏制作用。对于因异地排污造成环境污染和他人损害的，没有依据《中华人民共和国民法通则》第一百二十四条规定责令违法者承担相应的民事赔偿责任，主要原因是缺乏环境损害赔偿的具体法律规定和欠缺环境损害鉴定评估方法、程序。法律规定不明确等原因造成难以对污染物产生者进行追责。

防范措施建议：

1.广泛动员公众参与，推广有奖举报制度

此次事件是由于公众及时举报和提供线索才得以发现的，可见公众参与对发现这种隐蔽性强的违法行为有很大的推动作用。因此，环保部门要注意发挥公众的力量，对提供跨界排污、偷排偷放线索的人员予以奖励，并注重发挥"12369"环保举报热线的作用，及时发现异地排污行为。

2.严格执行危险废物管理等有关制度

加强对排污企业的日常监督管理，查清其污染物的排放量和排放去向，从源头上预防；督促危险废物产生单位全面落实有关管理制度，提升管理水平，切断污染物的非法来源；进一步加强对危险废物经营单位的监管，疏通危险废物合法转移和处置的渠道；建立对各地区危险废物管理情况的考核制度，督促地方政府和环保部门提高危险废物监管意识，落实危险废物监管责任；加大宣传力度，形成舆论压力，遏制可能的高发态势。

3.建立联动机制，依法追究责任

在日常执法中加强相邻行政区域环保部门之间的协调配合，建立信息共享和信息通报制度，及时发现和查处污染物异地违法排放行为；地方环保部门与公安、交通等部门建立协调联动机制，依法处理污染物异地违法排放案件。用足现行法律赋予的手段和权限，依法追究违法排污者的法律责任。环保部门要依据《水污染防治法》《固体废物污染环境防治法》等追究违法排污者的行政责任，依据《关于环境保护行政主管部门移送涉嫌环境犯罪案件的若干规定》，将异地违法排污者涉嫌环境犯罪的案件移送公安机关处理；以提供监测数据等有关证据等方式，积极支持污染受害者向人民法院提起民事诉讼，要求异地违法排污者赔偿损失。

4.完善现有规章制度，加大制裁力度

主要是修订和完善有关危险废物管理的规章制度，建立预防污染物异地排放的长效机制。如完善危险废物经营许可证管理制度，细化危险废物转移管理制度，健全危险废物全过程风险预防和监管机制，指导、规范废物产生企业与处置单位间委托合同的签订。同时，探索建立对各地区危险废物管理情况的考核制度，督促地方政府和环保部门加强对危险废物的监管。如研究起草"环境损害赔偿法"、"环境损害鉴定评估方法"及有关调解、评估的程序规定等，明确规定环境污染风险与损害的法律概念、范围、认定原则、计算方法等，对环境风险与损害进行定量化、科学化评估，以解决环境污染民事案件"受理难、审判难、赔偿难"的问题。研究修改《中华人民共和国刑法》关于环境犯罪的规定，对跨界污染、水源污染、有毒有害放射性物质排放等危害较大的环境污染犯罪增设危险犯，适当提高刑期，以加大对污染物异地违法排放行为的责任追究力度。

2010 年辽宁危险化学品运输事故灭火措施不当引发 9 次爆炸事故

时间和地点：2010 年 11 月 28 日，辽宁铁西至朝阳高速公路阜新段。

涉及化学品：三氯硅烷遇明火强烈燃烧，分解产生有毒的氯化物气体。遇水或水蒸气能产生热和有毒的腐蚀性烟雾。三氯硅烷对眼睛和呼吸道黏膜有强烈的刺激作用，可引起角膜混浊、呼吸道炎症，甚至肺水肿，皮肤接触后可引起坏死，溃疡长期不愈。

事故经过：

2010 年 11 月 28 日下午，一辆运载 28 吨桶装三氯硅烷的大货车在辽宁铁西至朝阳铁朝高速公路阜新段与其他车辆相撞起火。起火车辆运载的 100 多桶装危险化学品燃烧十分猛烈，火场几十米外都能感觉到炙热的热浪。5 个中队的 13 辆消防车和 78 名消防官兵投入火场救援，在尝试用水和泡沫降温救火后，火势并没有得到控制，反而使燃烧的桶装危险化学品连续发生了 9 次伴随着巨响的爆炸。爆炸响声很大，随后升起白色的蘑菇云。爆炸的冲击波将消防战士打翻在地。

司机说不清楚运载货物的具体名称，只知道是带有"三甲"字样的 28 吨危险化学品，货物从江苏镇江宏达有限化工公司运往吉林永吉开发区新亚强化工厂，联系到危险化学品生产厂家后，才知道起火物品是三氯硅烷。在现场环保技术人员的指导下，紧急调来铲车和 10 辆满载干沙的运输车，采用干沙覆盖灭火的方法实施扑救，直至起火车辆被掩埋才扑灭了火情。两辆肇事车辆和过火后的危险化学品铁桶被转移出高速路面，交通恢复正常通行。

事故原因及其处理过程中的教训：

事故是由于车辆在冰雪路面发生侧滑与随后车辆相撞引发了火灾。

（1）货车司机不清楚运载化学品货物的具体名称和危险性质。运输危险化学品之前，承运单位应当向托运单位清楚地了解所运危险货物的化学品名称及其危险特性、消防安全措施，并应随车携带该危险化学品的安全技术说明书，以备发生突发事件时参考使用。

（2）三氯硅烷的灭火剂应当采用干粉、干沙灭火，不得使用水、泡沫、二氧化碳、酸碱灭火剂。事故初期采取的消防灭火措施不当，造成了爆炸，充分说明了消防部门处置措施、手段简单落后，对危险化学品应急准备不充分，没有针对性。在事故发生后，应有针对性地开展消防、环保应急处置，错救、误救将延误应急处置时机并加重事故后果。

（3）加强对危险品运输过程中的管理极为必要，交通运输、环保、消防等部门应充分协作，建立危险化学品运输安全管理体系，防范此类事故的发生。首先必须对危害程度大的危险品运输实行许可证制度；其次应明确划分危险品运输的公路级别，对临河道路应竖立明显的危险品的通行或禁行标志，在敏感地带设立禁区、在低等级公路限制行驶。

2011 年山东省菏泽市境内发生的跨界
倾倒四氯化硅事件

时间和地点：2011 年 3—6 月，山东省菏泽市单县、鄄城县。

涉及化学品：四氯化硅和三氯氢硅。四氯化硅，无色或淡黄色发烟液体，有刺激性气味，易潮解，可混溶于苯、氯仿、石油醚等多数有机溶剂，主要用于制取纯硅、硅酸乙酯等，也用于制取烟幕剂。当吸入、食入、经皮肤吸收后对眼睛及上呼吸道有强烈的刺激作用，高浓度四氯化硅可引起角膜混浊、呼吸道炎症，甚至肺水肿，皮肤接触后可引起组织坏死。三氯氢硅，在常温常压下为具有刺激性恶臭气味、易流动、易挥发的无色透明液体。在空气中极易燃烧，在 –18℃ 以下也有着火的危险，遇明火则强烈燃烧，燃烧时发出红色火焰和白色烟，生成 SiO_2、HCl 和 Cl_2。三氯硅烷的蒸汽和液体都能对眼睛和皮肤引起灼伤，吸入后刺激呼吸道黏膜引起各种症状。

事故经过：

2011 年上半年，山东省菏泽市单县、鄄城县发生两起由于企业违法倾倒危险废物导致的跨界四氯化硅污染事件，造成了严重的环境影响和经济损失。肇事企业分别是江苏省徐州市中能硅业科技发展有限公司和河南省洛阳市中硅高科有限公司。两起跨界污染事件发生后，山东、江苏、河南三地政府行动迅速，锁定肇事企业，及时切断了污染源，协同配合，团结治污，事件得到有效处置。

1. 单县境内发生的跨界倾倒四氯化硅污染事件

2011 年 3 月下旬，菏泽市单县环境监察人员发现在曹庄乡桂鲁玉米淀粉有限公司南侧存有大罐、水泵、稀释池，10多亩坑塘水面浮着黄色泡沫，坑塘边沿有大量晶体状物质，有HCl刺激性气味。监测坑塘废水pH小于1，显示强酸性。4月3日夜蹲守发现，有一辆挂吉林牌照的罐车正在该地点倾倒废液，有较浓的刺激性气味，公安干警随即扣押了司机和押运人。经调查，废液是江苏省徐州市中能硅业科技发展有限公司产生的四氯化硅废液。该公司将制作硅材料的废液（主要成分为四氯化硅）100多罐、4 000余吨分多次偷运至单县境内9个乡镇14处坑塘、河流、沟渠，趁夜间排入水塘及排水灌溉沟渠内，污染非常严重，已对当地环境造成严重危害。事件发生后，山东省环保厅领导高度重视，及时向环境保护部和山东省政府报告。5月8日，环境保护部华东督查中心领导带领工作组赶赴现场进行调查，协调指导当地政府开展治污工作。5月10日至11日，山东省环保厅环境安全应急管理处又会同省公安厅派人赴单县进行了现场督办。5月9日和6月10日，环境安全应急管理处两次组织四氯化硅污染处置专家到单县，指导当地政府开展现场处置工作。5月17日，江苏省徐州市政府领导带领环保、公安部门赴事发地进行调查处理，并与菏泽市政府、单县政府共同召开了处置协调会，讨论污染处置的方式和赔偿意见。经过多轮磋商，徐州市人民政府和单县人民政府于6月2日达成《关于四氯化硅污染处置问题的备忘录》：一是由江苏中能硅业公司一次性赔偿单县污染损失6 600万元；二是由单县人民政府全权负责对农民补偿、对现存地面污染物治理和生态修复等工作；三是现场遗留的6罐废液由徐州方面委派技术人员现场指导、运回徐州处理；四是今后双方将进一步加强区域环境保护方面的沟通合作，建立健全联防联控机制，杜绝此类事件发生。单县人民政府根据专家的意见，积极开展了地面污染物最终无害化处置，并根据群众损失情况，及时将补偿资金发放到农民手中。单县公安部门对拘押的8名涉案犯罪嫌疑人移交司法部门立案处理。

2. 鄄城县境内发生的跨界倾倒四氯化硅污染事件

2011年6月16日，菏泽市鄄城县环保局执法人员在箕山镇后寨村北一空院内查扣两辆罐车，违法人员正在将罐内的四氯化硅废液加水稀释后偷排至院外的沟渠内，现场有强烈的刺激性气味。执法人员随即扣留车辆和人员并移交公安部门立案处理。经公安部门侦查，锁定肇事企业为河南省洛阳市中硅高科有限公司。该公司多次向鄄城县箕山镇、左营乡、红船镇三个乡镇偏僻的水塘、沟渠偷倒四氯化硅废液 240 余吨，已对当地环境造成严重污染，给群众生产生活和社会稳定带来了严重影响。事件发生后，山东省环保厅在向环境保护部报告的同时，要求菏泽市环保局借鉴前期单县事件的处置经验，全力做好鄄城县的污染物治理工作。7 月 26 日，环境保护部环境监察局派出工作组到鄄城县倾倒现场进行了调查，听取了菏泽市环保局的专题汇报，并赴河南省环保厅协调处置此事件。7 月 20 日、8 月 3 日和 15 日，河南省洛阳市政府领导带领环保、公安部门及违法企业的人员来到事发地，与菏泽市政府、鄄城县政府共同召开了处置协调会，讨论了污染处置和赔偿意见。经过多轮磋商，8 月 17 日，鄄城县人民政府和洛阳市中硅高科有限公司签订了此次事件处置协议书：一是由洛阳市中硅高科有限公司一次性赔偿鄄城县污染损失 1 500 万元；二是由鄄城县政府全权负责对群众进行赔偿、对现存地面污染物进行治理和生态修复等工作；三是由洛阳方面委派技术人员对现场遗留的 2 罐车废液运回洛阳处理；四是菏泽市和洛阳市将进一步加强区域环境保护方面的沟通合作，建立健全联防联控机制，杜绝此类事件再次发生。鄄城县人民政府根据污染处置专家的意见，积极开展了地面污染物最终无害化处置，并根据群众损失情况，及时将补偿资金发放到农民手中。县公安局对拘押的 7 名涉案犯罪嫌疑人移交司法部门立案处理。

事故原因和教训：

（1）跨省界恶意倾倒有毒有害化学品是造成污染事件的直接原因。肇事企业分别是江苏省徐州市中能硅业科技发展有限公司和河南省洛阳市中硅高科有限公司，均采取使用槽罐车偷偷运输高浓度四氯化硅废液并跨境恶意倾倒。

（2）对高速发展、快速兴起的高科技新兴产业产生的量小但危害巨大的污染物监管严重缺失。我国作为全球制造业大国，近年来各项产业快速发展，但是高速发展、快速兴起的高科技新兴产业，给我们的环境管理和监管带来了新课题、新挑战，如污染物类别增加，污染物量小但是难以处理，产生的量小但危害巨大的污染物，监管难度增大，监管严重缺失。本次肇事企业江苏省徐州市中能硅业科技发展有限公司和河南省洛阳市中硅高科有限公司均为当地高科技公司，生产太阳能单晶硅产品，经调查，两家多晶硅生产企业违反环境保护法律法规的规定，多次非法转移倾倒危险废物，当地环保部门监管不力，对多晶硅企业生产过程中产生的危险废物没有落实"危险废物经营许可证制度"和"危险废物转移联单制度"，监管不到位，是两次污染事件发生的重要原因。这是众多类似企业的缩影，高科技产品产生的量小但危害大、处理难的污染物，如四氯化硅，是近年来恶意倾倒事件的罪魁祸首之一。因此，有针对性地建立新的环境监管机制、方法和手段，弥补缺失，势在必行。

案例 31

2011 年河南、山东两省跨省界徒骇河水污染事件

时间和地点：2011 年 4 月，山东省聊城市莘县徒骇河。

涉及化学品：化学需氧量（COD）、氨氮。反映水质污染状况的综合性指标，为常规污染物，对环境、人体均有危害，但随其化学组分构成不同，危害明显不同。

事故经过：

自 2011 年 3 月 24 日开始，徒骇河入山东界水量急剧增加，水质严重恶化。2011 年 4 月，河南省南乐县境内发生因企业违法排污造成的徒骇河跨界水污染事件，肇事企业分别是濮阳研光鹏程生物制品有限公司和闫建军饲料添加剂厂。现场调查、监察和监测后，确定以上肇事企业或偷排偷放，或利用水泵和架起的管道，在厂区内外长距离将储存在污水处理厂进水池的含有高浓度污染物的废水泵到厂区外，排污沟、河流入徒骇河后流入山东省境内莘县断面，山东省环境监测中心站在对该河流的监督监测采样现场发现水质异常，第一时间报告后，分管站长立即安排送回样品，开展监测，监测结果表明，大清节制闸前断面 COD 和氨氮浓度最高分别达到 1 584 毫克 / 升和 124 毫克 / 升，毕屯（入山东界）断面 COD 和氨氮浓度最高分别达到 1 212 毫克 / 升和 74.2 毫克 / 升，造成了严重的环境影响和重大的经济损失。山东省莘县政府发现这一情况后，向聊城市环保局和山东省环保厅及时报告了有关情况，紧急关闭下游的滑营闸和杨庄闸，将污水拦截在该县境内。山东省环保厅接到报告后，立即启动"超标即应急"程序，开展加密监测，密切关注水质变化。由于严重污染没有得到有效控制，对沿线群众生产生活造成严重威胁，山东省环保厅确认此次事件已由入境水质恶化上升为重大跨界污染

事件，并立即采取一系列应急措施。4月8日，山东省环保厅分别向环境保护部和水利部海河水利委员会呈报了《关于上游入境河流发生重大污染事故的紧急报告》，并向山东省政府作了专题汇报。同时，向徒骇河下游沿线四市下发紧急通知，要求各市环保部门立即启动应急机制，开展加密监测，并在当地政府的统一领导下，采取有效措施，努力降低该事故对沿线群众生产生活的不利影响，避免造成重大损失。4月9日深夜，环境保护部环境应急与事故调查中心领导赶赴现场，指导此次重大跨界水污染事件的处置工作。在环境保护部的指导下，山东、河南两省密切协作、团结治污，经过近一个月的艰苦奋战，至5月6日，污染水体处置工作全部完毕。在环境保护部的有力指导下，山东、河南两地政府行动迅速，锁定了肇事企业，及时切断了污染源，协同配合，团结治污，污水全部得到有效处置。

事故原因和教训：

（1）恶意排污是造成此次事故发生的根本原因。肇事企业分别或偷排偷放，或利用水泵和架起的管道，在厂区内外长距离将储存在污水处理厂进水池的含有高浓度污染物的废水泵到厂区外，是明知故犯的恶意排污行为，是造成事故发生的根本原因。

（2）环境监管力度不够。近年来，环境执法力度逐渐加大，但由于工作不够细致，环境安全隐患排查还存在死角，对企业擅自停用治污设施或恶意偷排的行为缺乏有效防范。面对当前严峻的环境形势，各级环保部门要严肃查处超标排污、偷排偷放等环境违法行为，进一步强化环境执法监督，加强日常监管，对超标排污的企业依法责令限期治理，对偷排偷放的企业实施停产治理直至关闭。部分污染企业社会责任意识淡薄，守法成本高、违法成本低的现象必须根治。

（3）要正确引导舆论宣传。事件处置过程中，各级政府都把确保社会稳定作为处置的重要任务，加强舆论引导，做好群众工作，尤其是聊城市政府在整个污染治理工作中做好宣传和舆论引导，得到当地群众的理解和支持，未发生因污染引发的群体性事件。

2011 年云南曲靖铬渣非法倾倒致污事件

时间和地点：2011 年 6 月 12 日，云南省曲靖市。

涉及化学品：铬酸盐生产产生的含有六价铬的铬渣。铬渣中六价铬毒性强，且水溶性良好，在雨水的冲刷下，极易进入水体造成水源和土壤的严重污染。过量的（超过 10 毫克 / 千克）六价铬对水生物有致死作用。六价铬为吞入性毒物、吸入性极毒物，皮肤接触可能导致过敏，更可能造成遗传性基因缺陷，吸入可能致癌，对环境有持久危险性。六价铬化合物在体内具有致癌作用，还会引起其他健康问题，如吸入某些较高浓度的六价铬化合物会引起流鼻涕、打喷嚏、瘙痒、鼻出血、溃疡和鼻中隔穿孔。短期大剂量地接触，在接触部位会产生不良后果，包括溃疡、鼻黏膜刺激和鼻中隔穿孔。摄入超大剂量的铬会导致肾脏和肝脏的损伤、恶心、胃肠道刺激、胃溃疡、痉挛甚至死亡。

事故经过：

2011 年 6 月 12 日，云南省曲靖市环保局麒麟区环境监察大队接到举报，反映放养山羊因饮水后中毒死亡。环保局接报后，经过现场勘察发现多处铬渣废料倾倒点，共有 75 只山羊、一匹马、一头牛中毒死亡。后经各级相关部门人员进行全面调查核实确认，山羊是喝了剧毒工业废料铬渣下的积水造成中毒死亡的。丢放在麒麟区的剧毒铬渣来自曲靖市陆良县的化工实业有限公司，是承运人私自非法倾倒的。非法倾倒铬渣者与陆良化工实业有限公司签订协议，承运该公司的铬渣运到贵州省进行处理。为了节省运输费用，在 4 月 28 日至 6 月 12 日期间，承运人在麒麟区三宝镇、茨营乡、越州镇的山上总共倾倒铬渣 140 余车，共计 5 222.38 吨。非法倾倒的铬渣已造成叉冲水库 4 万立方米水体和附近箐沟 3 000 立方米水体受到污染。铬渣非法倾倒致污事件发生后，云南省曲靖市、麒麟区、陆良县立即组织人员对倾倒在麒麟区的剧毒铬渣进行了现场清理，总共清理出铬渣及受污染的泥土 9 130 吨，全部运回了陆良化工实业有限公司的专门堆放点。对受污染的三宝镇张家营村委会黑煤沟的一处 100 立方米左右的积水潭积水，也全部抽运到陆良化工实业有限公司进行了处理。为防止叉冲水库下游的黄泥堡水库受到污染，及时建了一座拦水坝，把近 3 000 立方米受污染的水拦蓄了起来。对设计库容 30 万立方米，当时有水 4 万立方米的叉冲水库里的水和拦蓄下来的其他近 3 000 立方米的污染水，由曲靖市环保局组织专业人员进行了还原、解毒处理，水质达到安全排放标准后排放。同时对污染造成的损失展开了调查评估的相关工作，因为铬渣倾倒点及附近水塘距离当地群众饮用水水源地较远，未对群众饮水安全造成影响，该事件造成直接经济损失约 9.5 万元。事件发生后，陆良县环保局对陆良化工实业有限公司依法处以罚款 30 万元，并责令该公司全面停产。此次事件的两名肇事者以及 8 名企业相关责任人因涉嫌污染环境罪被麒麟公安分局采取强制措施。一审判决，因污染环境罪 7 名被告分别被处以有期徒刑 3 ～ 4 年，并处以罚金，没收非法所得。曲靖市已委托越州钢铁集团有限公司启动 4 条高炉生产线，采用"高温烧结还原技术"对铬渣进行解毒处理。截至 2011 年 8 月 15 日，铬渣非法倾倒致污事件造成倾倒地附近农村 77 头牲畜死亡，2 户受损养羊户已收到足额赔偿金 9.5 万元，共支付中毒山羊治疗费 4 000 元，死亡牲畜无害化处理费用 1.2 万元。至 2011 年 12 月 31 日，共完成 48 623 吨铬渣无害化处理任务。陆良化工厂区内堆存的铬渣全部无害化处理完毕，12 月 28 日曲靖市环保部门对 3 个铬渣库进行了检查验收。曲靖市在 2012 年年底前完成了该企业在南盘江边堆存的 14.84 万吨铬渣无害化处理，并做好堆渣点的土壤修复工作。西南大学司法鉴定所 2011 年 11 月 3 日鉴定，该污染造成公私财产直接损失共计390 余万元人民币。2011 年 9 月 20 日，环保组织"自然之友"、重庆市绿色志愿者联合会就云南曲靖铬渣污染事件，向曲靖市中级人民法院提起公益诉讼，要求被告赔偿因铬渣污染造成的环境损失 1 000 万元人民币，诉状将云南省陆良化工实业有限公司、云南省陆良和平科技有限公司列为被告，将曲靖市环境保护局列为第三人。这是国内首例由民间环保组织提起的环境公益诉讼案。

事故原因和教训：

废物承运人非法倾倒危险废弃物是造成本次污染事件的直接原因，本次突发环境事件反映出我国危险废物环境管理上存在诸多问题。

1. 非法转运、处置、倾倒危险废物是事件发生的直接原因

此次事件是由危险废物非法转运、处置、倾倒造成的。陆良化工实业有限公司违反危险废物管理相关法规，将危险废物铬渣委托没有危险废物运输资质的私人承运人转运到没有经营许可证、没有危险废物处置资质的单位处置；承运人追逐非法利益，擅自倾倒危险废物，导致了污染事件的发生。

2. 危险废物管理不到位是事件发生的根本原因

政府、环保部门、企业和社会各界对危险废物污染和危害的认识不足，危险废物管理法规制度不落实，环境监管和执法不到位，对危险废物违法行为处罚和打击不坚决，危险废物管理机构不健全、技术支撑能力薄弱，未能形成有效运行的危险废物管理体系，是导致此类事件不断发生的根本原因。

3. 铬渣等危险废物长期堆存，未进行无害化处理处置

云南曲靖铬渣非法转移倾倒事件并非偶然，其暴露出我国危险废物监管方面存在突出问题：危险废物已严重污染环境，而国内危险废物利用处置能力远远不能满足要求，无经营资质企业大量存在。云南省陆良化工实业有限公司生产铬酸盐产生大量铬渣，长期露天堆放在距离南盘江只有一条土路之隔，仅靠约 1 米高的砖墙围挡的废渣堆放场内。十几年来产生的 28.84 万吨铬渣，虽然争取到两个国家项目的支持进行处理，但至今仍有

14万吨铬渣未进行任何处理。目前全国19个省、自治区、直辖市的41家铬盐生产企业每年产生铬渣约45万吨,历年累计堆存量已超过400万吨。有些企业已经破产或关闭,这些企业堆存的铬渣大多露天放置,没有建立防雨淋、防渗漏、防飞扬等安全防护措施。国家环保总局发布的《铬渣污染治理环境保护技术规范》里,对铬渣的堆放、挖掘、运输和储存等进行了严格的规范,包括铬渣堆放场所应配备专门的管理人员,铬渣堆放场所内的任何作业应征得管理人员同意;应采取措施防止雨水径流进入铬渣堆放场所;铬渣的运输路线应尽可能避开居民聚居点、水源保护区等环境敏感区,运输过程中应包装完好,应执行《危险废物转移联单管理办法》等。因此,应当加强全国铬渣等危险废物处理处置能力建设,督促铬盐企业实施铬渣无害化处理,尽快解决危险废物堆放场地污染问题。同时,对铬盐行业、危险废物处置设施运营行业等定期开展危险废物专项检查工作,对不符合要求的企业实行停产整顿,并公布危险废物相关企业的信息,接受社会公众监督。应当建立危险废物污染责任终身追究制,加大对企业索赔、罚款和刑事处罚的力度。此外,要追究企业污染清除责任,彻底清理被倾倒的危险废物以及被污染场地的土壤和地下水,不留后患。

4. 严格执行危险废物转移联单制度

云南省曲靖市环保部门在监督企业严格执行《铬渣污染治理环境保护技术规范》和《危险废物转移联单管理办法》有关规定方面监管工作不到位,也是铬渣非法承运人有机可乘,导致这次铬渣污染事件发生的原因之一。此外,由于该污染事件没有造成人员伤亡和主要水体污染,曲靖市政府未及时向公众发布信息,也暴露出地方政府机关处理突发事件时经验不足、工作不细致及工作中的失误。发生环境突发事件后,地方政府应当全面、准确、及时地向社会发布相关信息,真诚回应社会的关切。

由这起铬渣非法倾倒事件我们认识到,管理职能的缺位是造成这一问题屡禁不止的根源所在。人们对解决环境问题的基本认识就是赋予政府更多的环境管理权力,加强政府对环境的监管,这种认识在西方国家因“市场失灵”引发环境问题而获得了实证基础,在中国更有政府主导市场经济建设的体制基础。于是，从 1979 年制定《中华人民共和国环境保护法（试行）》开始，到现在已经颁布执行的若干国家环境法律、法规、规章，基本上都以向政府及其职能部门授权为主要内容，而监管环境监管者的相关内容却处于缺失状态，导致环境管理中权责不一致的现象比比皆是。从《环境保护法》的整个规定来看，授予政府环境保护监管权力的条款居多，规定政府环境保护责任的条款较少，而且从《环境保护法》的相关规定来看，政府及其职能部门环境保护责任形式单一，虽然近年来环境保护部与监察部共同发布规章，规定了环境保护方面的行政问责制，丰富了政府环境保护责任的种类，但现行制度本身仍不健全，实施过程中暴露出的种种问题还有待解决，而且行政规章的效力有限，其功能的发挥也必然受到影响。目前，中国的环境管理体制是以行政区域管理为核心、国家与地方双重领导的体制，即各级人民政府对辖区环境质量负总责，国家和地方分别设立环境保护部门。作为"环境保护行政主管部门"，尽管法律规定地方政府对辖区内的环境质量负总责，但对负什么责任，是政治责任还是法律责任，抑或经济责任，都没有明确规定，在政绩考核中也缺乏对环境质量状况和资源消耗的考核，从而使地方政府对本辖区的环境质量负责成为空洞的口号。同时，地方环境保护部门的双重领导体制使其既从属于环境保护部，也附属于地方政府，在这样的体制框架下，地方环境管理的力度往往取决于地方政府的价值取向和态度，至此，像云南铬渣露天堆放达 17 年之久，期间当地环保部门多次调查都没有查出任何问题，这种现象的出现也就见怪不怪了。

案例 33

2011 年四川电解锰厂尾矿渣污染涪江事件

时间和地点：2011 年 7 月 21 日，四川省阿坝州松潘县小河乡。

涉及化学品：锰渣。锰渣的主要成分是二水硫酸钙，含量超过 43%；同时含有各种金属离子，最主要的是可溶性锰，含量为 1.5% ~ 2.0%。锰是人体不可缺少的微量营养元素，人均摄入量约为每天 10 毫克，但极大剂量的摄入对人体的危害相当大，表现在神经系统、中枢神经系统方面，重度的可以出现精神病的症状，比如高急热性，暴躁，有暴力行为，出现幻觉，称锰狂症，进一步可以出现类似于帕金森综合征的症状。急性锰中毒可引起急性腐蚀性胃肠炎或刺激性支气管炎、肺炎。慢性锰中毒一般为职业中毒，早期轻度表现有精神差、失眠、头昏、头痛、无力、四肢酸痛、记忆力减退等症状，有的人有易激动、话多、好哭等情绪改变，常有食欲不好、恶心、流涎、上腹不适、性欲减退或阳萎、多汗等症状，四肢有时麻木、疼痛，两腿沉重无力。

事故经过：

2011 年 7 月 21 日凌晨 6 时许，四川省阿坝州松潘县小河乡因暴雨引发龙达沟支沟泥石流，堵塞岷江电解锰厂锰渣场上游引水隧洞，导致洞前水位上涨，洪水漫过挡水坝进入渣场，使 1 号挡渣坝内大量积水，造成决口，6 000 多立方米锰渣下泄涪江，致使涪江水质受到污染，影响江油市、绵阳城区、三台县和射洪县饮用水的正常供应，并威胁到涪江下游遂宁城区、重庆段的水质安全。

事件发生后，阿坝州政府采取五大措施控制源头污染：一是疏通引水隧洞；二是抢建 3 号拦渣坝，防止锰渣继续入江；三是清理涪江河床锰渣；

四是修建临时渗滤液收集池并送厂区处理；五是开展 1 号拦渣坝修复工作。绵阳市政府获悉岷江电解锰厂部分锰渣进入涪江后，立即启动了应急预案，对涪江平武、江油和绵阳段水质进行了加密监测。7 月 26 日 12 时监测到涪江绵阳段污染物含量持续升高，当天 16 时左右达到峰值。发现水质超标后，绵阳市政府向社会通报了涪江水质异常情况，要求市民近期生活饮用水尽量使用成品水，同时组织力量向部分区域和部分特殊人群送水，确保人民群众饮用水的供给。遂宁市政府严密监测水质，并事先腾出涪江遂宁段全部四座水库一半库容，拦蓄污染水团，利用自然沉降和稀释，降低水体锰浓度，确保涪江出川断面水质达标。四川省环保厅组织力量对涪江全流域进行加密监测，及时发布水质环境信息，协调相关地区和部门做好污染处置工作。四川省政府应急办接报后及时向国务院应急办和省政府领导报告相关情况，协调有关力量开展应急处置工作。四川省水利厅开展沿江水库、电站水资源调度，有效拦截和稀释涪江污染水团。四川省气象局及时提供气象信息，组织人工降雨作业，进一步稀释污染水团。

该事件造成绵阳市区 30 万人口 48 小时停水。

事故原因和教训：

造成此次事故的根本原因是企业建设选址不当，山洪泥石流等自然灾害是造成此次涪江水污染事件的诱因，而企业不按规定落实有关防范措施是造成此次污染事件的主要原因。

锰渣场挡渣坝决口的直接原因：①岷江电解锰厂未按要求在挡水坝上游建设防泥石流拦挡坝。锰渣场上游引水洞、拦水坝不具备输送排导较大泥石流的能力，也不具备在较大泥石流出现的情况下拦截泥石流、保证水流正常排导的能力。②岷江电解锰厂未在锰渣场周边建设符合防洪要求的排洪沟。③岷江电解锰厂擅自改变 1 号浆砌石挡渣坝为土石结构，降低了坝体抗击水流冲刷的能力，导致挡渣坝决口，锰渣下泄污染涪江。

锰渣场挡渣坝决口的间接原因是政府有关职能部门对锰渣场的建设、运行安全监管不力，致使企业建设选址不当并且未按设计要求建设挡渣坝等安全生产设施。

在事故处置过程中，事发当地政府前期对事故的严重性估计不足、处置不力，致使污染事态扩大；没有及时上报省环保厅，贻误了及早全流域统筹调配的最佳时机。

下游地方政府没有从本质上去理解、把握和运用环境质量标准，一方面，误将基于感官性质制定的锰的水质标准判断为对人体健康有影响的毒理性水质标准；另一方面，在应急监测中没有认识到洪水期水中悬浮物中的不可溶锰对监测结果的影响，客观上夸大了超标的程度，并因此采取了部分限制性停水等过度反应措施，使事件的性质加重。

同时，也暴露出我国在环境质量标准的制定中存在不严谨的地方，指标的意义含糊，"水样采集后自然沉降30分钟，取上层非沉降部分"的污染物指标形态不明确，监测结果受不同水期悬浮物的影响不可控；标准的宣贯也不到位，大多数标准使用者未能真正理解和把握标准值的本质含义和制定依据，难以合理、准确地运用标准。

防范措施建议：

1. 严格对尾矿库建设项目的审批和环境安全的监管

尾矿库建设、运行、闭库和闭库后再利用的安全技术要求以及尾矿库等级划分标准，应当严格按照《尾矿库安全技术规程》（AQ 2006—2005）执行，并通过国务院有关部门对尾矿库建设项目安全设施的设计审查和竣工验收。产生尾矿的新建、改建或扩建项目，必须遵守国家有关建设项目环境保护管理的规定。尾矿库的污染防治和环境应急管理应当符合《防治尾矿污染环境管理规定》和《尾矿库环境应急管理工作指南（试行）》的有关规定。企业产生的尾矿必须排入尾矿设施，不得随意排放。无尾矿设施或尾矿设施不完善并严重污染环境的企业，必须限期建成或完善。尾矿储存设施停止使用后必须进行处置，保证坝体安全，不污染环境，消除污染事故隐患。关闭尾矿设施必须经企业主管部门报当地省环境保护行政主管部门验收、批准。因发生事故或其他突然事件，造成或者可能造成尾矿污染事故的企业，必须立即采取应急措施处理，及时通报可能受到危害的单位和居民，并向当地环境保护行政主管部门和企业主管部门报告，接受调查处理。

2. 加强对废弃危险化学品产生和处理处置单位的日常监管

严格落实《废弃危险化学品污染环境防治办法》的有关规定，强化废弃危险化学品产生单位和处理处置单位的日常监管，健全危险废物转移联单制度。产生单位应当按照规定对废弃危险化学品进行分类收集，严禁将废弃危险化学品混入一般固体废物。废弃危险化学品应当交由持危险废物经营许可证，且具有相应经营资质和处置能力的单位处理处置。产生单位自行处理处置的，应当如实记载储存、处理处置废弃危险化学品的类别、来源、处理处置方式、有无污染和突发环境事件等事项，并定期向所在地环境保护部门报告处理处置情况。各级环保部门应当结合污染源普查、排污申报登记、环保专项行动和日常环境监管情况，重点加大对铬盐生产行业、危险废物处置设施运营企业以及设置尾矿坝企业的现场检查并对环境违法行为进行立案查处，全面掌握危险废物的产生、储存、流向和利用处置情况，建立环境管理档案。发现存在重大环境安全隐患的，采取应急处理措施，并及时报告本级人民政府和上级环保部门。对发现的问题和疑点要彻查到底，限期整改到位，督促铬盐生产企业按要求加快铬渣处置进度。认真梳理涉及铬盐行业、危险废物处置设施运营企业的危险废物污染纠纷和投诉举报、信访案件，加大投诉和信访案件的查办、督办力度，及时公布调查、查处和调解结果，积极稳妥地化解污染纠纷。

3. 规范危险废物管理，加大对违法企业的处罚力度

一是建立危险废物污染防治情况日常检查制度和危险废物全过程管理制度。严格执行"行政代执行制度"，凡是产生单位对危险废物不处置或处置不符合国家有关规定的，所在地环保部门要指定单位代为处置，处置费用由危险废物产生单位承担。

二是严格执行危险废物转移联单制度。严禁将危险废物提供或委托给无危险废物经营许可证的单位从事收集、储存、利用、处置等经营活动；严禁委托无危险货物运输资质的单位运输危险废物。

三是建立危险废物污染责任终身追究制，加大对企业索赔、罚款和刑事处罚的力度。对危险废物非法转移倾倒事件，按照危险废物实际转移、倾倒批次，依法从严从重分别予以处罚。

四是落实企业污染清除责任，彻底清理被倾倒的危险废物以及被污染场地的土壤。

对无危险废物经营许可证而从事危险废物经营或不按照经营许可证规定从事收集、储存、利用、处置危险废物经营活动的，应当责令其停止违法行为，给予高限处罚，吊销经营许可证。应当督促铬盐生产企业按要求加快铬渣处置进度。对发生危险废物非法转移倾倒事件造成严重污染、未按要求完成危险废物处置设施建设任务、建成危险废物焚烧处置设施不能正常运行以及未按《铬渣污染综合整治方案》要求完成所规定的历史遗留铬渣治理任务的地级市，应当实施"区域限批"，并取消有关环境保护荣誉称号；对检查整治工作不到位、存在重大环境污染问题、严重影响群众健康的，应当追究有关责任人员的行政责任，并通报批评。

4. 规范持证单位行为，落实企业场地环境污染的责任

为了规范危险废物的利用处置活动，应当加大危险废物法律法规的宣传力度，让危险废物对环境的危害性深入到各级政府主管部门、企事业单位以及公众心目中，形成环保部门加强监管、领导重视污染防治、百姓积极监督的社会氛围。对于危险废物产生、利用、处理处置单位，从《中华人民共和国固体废物污染环境防治法》规定的 12 项管理制度入手，逐项进行宣贯，使他们知法、懂法，了解违法所应承担的法律责任。

要加大环境执法力度，认真查处无证非法经营危险废物以及持证单位违规超范围、超能力经营危险废物的情况，使企业的违法成本高于守法成本。落实企业场地环境污染的责任。危险化学品企业应在建厂前，对规划用地及周边的土壤和地下水进行环境本底调查并向当地环境保护部门备案。项目建成投入运行后还应进行年度土壤和地下水环境污染监测。危险化学品企业关停并转迁时，应对企业原址和周边土地及地下水进行评估，造成污染的，应负责修复或经济补偿。

2012 年广西龙江河镉污染事故

时间和地点：2012 年 1 月 15 日，广西壮族自治区龙江流域，柳州、河池段。

涉及化学品：镉。镉是一种重金属，存在单质和化合物两种形态。镉的用途虽然十分广泛，却有剧毒。通过食物和水进入人体的镉，主要积累在人的肾脏和肝脏中，会造成肝肾的损害，尤其对于肾脏的危害更大，还可导致骨质疏松和软化。通过气体进入人体的镉首先对呼吸道造成伤害，会造成嗅觉失灵，严重的会导致化学性肺炎。

事故经过：

2012 年 1 月 15 日，广西壮族自治区宜州市龙江拉浪水电站内网箱养鱼出现少量死鱼现象。河池市环保局监测后发现龙江拉浪水库码头前 200 米镉含量超过《地表水环境质量标准》Ⅲ类标准约 80 倍。时任广西壮族自治区人民政府副主席林念修批示要求广西壮族自治区环保厅派出专家组立即开展全面排查。河池市政府成立处置工作领导小组，赴拉浪水电站对出现死鱼的网箱进行调查，对龙江沿岸企业进行排查，并加强了对上游涉及重金属企业的排查监测，重点监测企业的废水废渣镉、砷含量变化情况。

1 月 18 日 3 时 30 分，柳州市人民政府接到河池市人民政府关于广西龙江河水受到轻微污染的传真通报。柳州市环保局即对龙江三岔水电站、糯米滩水电站、西门崖断面实施监控，监测结果为重金属镉轻微超标，被污染的河段主要为柳江支流龙江河段上游至柳江三岔段面 50 公里范围内。但龙江汇入柳江稀释后，柳江水质监测镉含量未超标。轻微污染团距离柳州市饮用水水源约 100 公里，柳州市区段柳江饮用水仍安全。对于未汇入柳江之前流经的柳江县和柳城县，柳州市环保局已通知龙江三岔至龙江融江汇合口沿岸群众不要饮用河水，直到检测合格为止。时任柳州市环保局局长甘景林在介绍龙江污染情况时称污染来源仍未知。自 1 月 18 日 10 时至 19 日 15 时，共对三岔河水断面水质实时采样监测 16 次。18 日 20 时 30 分左右监测到河水中的镉含量开始下降。19 日 1 时 10 分，柳州市环保局对柳州市与河池市交界的三岔河水断面的监测显示，河水镉含量已下降至国家限量 0.005 0 毫克／升范围内，而柳江干流镉含量一直处于国家限量范围内。19 日 10 时，河池与柳州交界面监测数据显示，镉含量为 0.003 0 毫克／升，11 时 20 分为 0.001 7 毫克／升。柳州市人民政府通过当地电视台、纸质媒体每天发布龙江遭受污染的消息。19 日晚，柳州市人民政府对供水部门等重点单位的应急准备情况进行了检查。

1 月 20 日下午，柳州市人民政府启动《柳州市饮用水水源污染事故应急预案》Ⅲ级响应。时任柳州市市长郑俊康要求柳州市应急指挥中心 24 小时值班，环保和水利部门每隔 1 个小时监测 1 次水质，并及时对外公布，重点监控糯米滩水电站上游水质情况。1 月 21 日，柳州市人民政府在应急指挥中心召开应对龙江镉污染事件联席会议，初步确定了应对龙江镉污染事件的应急处置方案。22 日 10 时，柳州市人民政府确定的处置措施为：柳江上游 4 个电站停止发电，最大限度地蓄水；水利局要做好调水方案；工信委继续增加降解等应急处置物资储备，做到有备无患；由市住建委牵头，对全市可用的地下水井做好应急备用，万一水厂停水，要发挥地下水井的应急作用等。采用河道除镉、调水稀释及水厂处理三种处置方法处理龙江镉污染。

1 月 22 日，龙江河段、距离柳州市饮用水取水口约 60 公里的柳城县糯米滩水电站河段水质镉浓度开始超标。1 月 24 日，柳州市人民政府开始利用多种渠道播发实时水质监测数据，包括政府官方网站、政府热线等。1 月 26 日，龙江镉污染水体进入柳江流域。10 时，龙江与融江汇合处下游 3 公里处镉浓度首次突破 0.005 0 毫克／升，14 时监测数据显示该处镉含量为

0.010 3 毫克 / 升，超过国家标准 1.06 倍，15 时，该处镉浓度为 0.010 7 毫克 / 升，超过国家标准 1.14 倍。柳州市应急指挥中心向全市通告，不要取用柳江露塘断面以上受污染河段河水作为饮用水，新闻媒体及时公布事件进展，引导市民科学应对，全力维护社会稳定。15 时，龙江与融江汇合处下游 3 公里处镉浓度开始下降，当天 22 时该处镉浓度降至 0.004 4 毫克 / 升，已恢复到国家标准限量以下。环保局每小时采样分析一次，向社会公布监测结果的时间也从之前的 4 个小时以上不定时发布调整为每两个小时更新公布一次。

2012 年 1 月 27 日，柳州市处置龙江河突发环境事件应急指挥部发布《关于启动广西壮族自治区突发环境事件 II 级应急响应的紧急通知》。自 27 日起，柳州市疾控中心和卫生监督所对全市饮用水水质的主动监测频率从每天 1 次增至每天 2 次。柳州市卫生局还增加了对自供水单位的水样进行采集和检测。截至 27 日，柳州市疾控中心已对柳州市区及柳城县的水源水、江河水、井水和出厂水等 79 份水样进行了镉含量及其他有害物质的检测。结果显示，出厂水镉、铝、砷、pH 值均符合生活饮用水卫生要求，水源水镉、铝、砷、pH 值均符合地面水环境质量标准。此外，柳州市疾控中心还负责对柳州市区范围内的备用井水和自备水源进行了检测，27 日下午对采集自柳州市柳南区的绿化所、环卫所、鱼峰水泥厂的水车自备水源以及柳南区柳江沿岸的地表水、井水共 36 份水样进行了检测，其镉含量均在国家标准范围内。柳州市有 169 个自备水源，环境卫生条件较好的有 25 个。

2012 年 1 月 28 日，柳州市处置龙江河突发环境事件应急指挥部召开新闻发布会，对社会上流传的谣言进行了正式澄清。应急指挥部表示，柳州市从未发布停供自来水的公告，也没有出现镉中毒病例。1 月 29 日下午柳州市卫生局在柳州市工人医院举办了一期"重金属镉中毒医疗救治"应急培训班，柳州市（含六县）各医院、卫生院、社区卫生服务中心的医务人员共计 300 余人参加了培训。同时，柳州市卫生局网站上也公布了《重金属污染诊疗指南（试行）》。1 月 30 日下午，应急指挥部在新闻通气会上公布，龙江河镉污染高峰值已从超标约 80 倍降到超标 25 倍左右。

广西壮族自治区环保厅调集广西壮族自治区环境监测中心站、北海海洋环境监测中心站和河池、柳州、来宾、桂林、百色、南宁、贺州、崇左8 个市级监测站以及金城江、宜州、柳江、柳城、鹿寨 5 个县级站的 210多名监测人员、95 台（套）监测设备、40 多辆车参与应急监测，各监测队伍按照应急指挥部的统一部署，在中国环境监测总站的现场指导下，在龙江至柳江 200 多公里河段共布设 20 个定点监测断面和数十个巡测点，对重点断面实行监测监控。2 月 3 日，广西壮族自治区人民政府在柳州市召开新闻发布会，通报对存在失职、渎职行为的 9 名责任人作出了处理。2 月 4 日 9 时，连日来的监测显示了糯米滩水电站水质已基本达标，已暂时停止投放絮凝剂。2 月 23 日凌晨 0 时 10 分，广西壮族自治区龙江河突发环境事件应急指挥部通知突发环境事件应急响应解除。

据参与事故处置的专家估算，此次镉污染事件镉泄漏量约 20 吨，污染事件波及河段达到约 300 公里。

事故原因和教训：

（1）本次事故的原因是河池市金城江区鸿泉立德粉材料厂 2009 年转手后不挂牌闭门生产，将原来的生产工艺擅自变更，没有建设污染防治设施，利用溶洞恶意排放含高浓度镉污染物的废水，造成龙江河镉污染事故，手段恶劣，情节严重。金河冶化厂通过岩溶落水洞将镉浓度超标的废水排入龙江河，但该厂渣场根本没有按照相关要求建设，渣场防渗、防漏、防雨、防洪措施不完善，而浸出渣、净化渣等危险废物和其他一般固体废物混杂堆放于渣场，未按规定做到分类分区堆放。通过岩溶落水洞将镉浓度超标的废水排入龙江河，部分废渣渗滤液及厂区面源污水通过该排水沟流入溶洞。

（2）一旦发生环境应急事故，动员环保、医疗卫生、消防等系统联动协作，能发挥各自的强项对应急事故的快速遏制起到有力保障。在各部门协作的过程中，建立良好的协调机制至关重要，要防止沟通不畅、推诿扯皮现象出现。

（3）良好的处理处置措施能使事故危害降到最小。本次事故中，对水质的监测及时准确，对污染水体的处理方法为多种方法联合运用，最后取得了较好的效果。

（4）当发生涉及城市区域、涉及大量群众生活的事故时，需要重视信息的及时发布，正确引导市民进行防护，及时进行心理疏导，防止恐慌事件的发生。本次事故中，运用了网络、政府热线电话、电视滚动宣传、市民短信服务等手段，将第一手的污染信息传达给市民，起到了稳定民心的作用，使整个污染治理过程并未出现大规模的恐慌。

案例 35

2012 年镇江自来水 "异味" 事件

时间和地点：2012 年 2 月 3 日，镇江市长江水域。

涉及化学品：苯酚。又称石碳酸或羟基苯，白色结晶，有特殊气味，有毒。常温下微溶于水，易溶于有机溶液；当温度高于 65℃时，能跟水以任意比例互溶。苯酚暴露在空气中呈粉红色，可吸收空气中的水分并液化，极稀的溶液有甜味。苯酚是一种常见的化学品，是生产某些树脂、杀菌剂、防腐剂以及药物（如阿司匹林）的重要原料。对皮肤、黏膜有强烈的腐蚀作用，其溶液沾到皮肤上可用酒精洗涤；可抑制中枢神经或损害肝、肾功能。吸入高浓度蒸汽可致头痛、头晕、乏力、视物模糊、肺水肿等。误服引起消化道灼伤，出现烧灼痛，有胃肠穿孔、休克、肺水肿、肝或肾损害的可能，出现急性肾功能衰竭，可死于呼吸衰竭。眼接触可致灼伤。慢性中毒可引起头痛、头晕、咳嗽、食欲减退、恶心、呕吐，严重者引起蛋白尿。

事故经过：

自 2012 年 2 月 3 日中午开始，镇江市自来水出现异味，引起了社会广泛关注，出现一些市民抢购矿泉水的现象。4 日上午，市政府召开应急工作会议，协调部署各项工作。发现问题后，市自来水公司立即启动应急机制，加大监测力度，根据自来水情况调整工艺，并立即关闭金西水厂，金西水厂加大活性炭的投放。综合环保、城建和卫生部门对水源水、出厂水和末梢水连续不断的检测，至 2 月 4 日凌晨 3 时，金西水厂出厂水及主城区管网水质，已恢复正常。自 2 月 4 日下午起，市政府相关部门进一步

135

加强了对市区自来水水质的多点检测，并公布检测结果。2月7日起每天公布两次挥发酚检测结果，均在标准值之内。此外，监测从每4小时一次提高到每小时一次，并增加监测项目，确保水源水安全；加强对出厂水的检测，将酚类等有机物质列入常规检查，确保供水安全。

为尽快查明原因，镇江市在紧急处置的同时，邀请卫生、环保专家来镇江会查，成立专家组，深入现场调查，确认水源水苯酚污染是主要原因。市政府应急办随即发布了《镇江市区自来水异味事件处置情况通告》。水源事故发生后，市政府相关部门立即对取水口上下游化工企业进行全面排查，通过污染事故调查组开展的调查和所掌握的事实证据，发现韩籍"格洛里亚"号货轮有重大嫌疑，通过水下排放管路排出苯酚于船外，从而造成镇江市长江水域污染。镇江市自来水公司依据事实和相关法律于2月10日向武汉海事法院提出了海事保全，11日武汉海事法院向涉嫌违法排污的韩籍货轮"格洛里亚"号下达民事裁定书和扣押船舶命令，要求其向法院提供2 060万元人民币进行担保。

事故原因和教训：

1. 长江水域危险化学品运输存在的问题

（1）危险化学品码头选址不合理，其设备设施不配套。由于长江主干航道船舶流量大，航道相对拥挤，缺少危险化学品运输船舶专门的抢险、停泊区。一旦危险化学品运输船舶发生交通事故并处于航行密集区，使事故难以控制。现有的长江水系危险品作业码头总体状况也较差，码头基本上坐落在主干航道两侧，船舶直接在主干航道两岸进行装卸作业。从本次事件可见，镇江李长荣化工仓储有限公司码头位于镇江市饮用水水源取水口的上游，如发生危险化学品泄漏事故，极易导致饮用水污染事故发生。有些码头前沿除安全标志和消防灭火器外其余设施缺乏，多数柴油码头未配备如垃圾回收设施、废油回收、围油栏、消油剂等应急设备。港航基础设施落后，不但在很大程度上危及危险品运输船舶的安全，而且在事故发生后易扩大事故后果。

（2）危险化学品水上运输安全监督管理不到位。事件发生后，海事、环保、安全等部门联合对饮用水水源地上游进行了拉网式检查。尽管水上危险化学品运输安全监管方面开展了大量工作，但由于多方面的原因针对危险品运输的安全监控与事故应急处置能力仍相对较弱，难以适应危险品运输迅猛发展的新形势和新要求。全程动态对水上危险化学品运输监管的体系尚未建立，特别是对危险化学品码头装卸货过程未实行有效监管；与地方环境保护监管部门、安全生产监管部门联合执法检查机制未能形成；危险化学品运输信息化管理落后，大部分部门和单位依靠经验进行管理，特别对列入国家《危险化学品名录》的危险化学品及其危害性认识不足，难以为危险货物作业人员和管理人员提供技术支持和应急处理指导及对危险化学品进行有效的跟踪管理。

（3）危险化学品水上运输安全预警反应能力薄弱。首先，清污手段相对比较落后，缺乏适用的污染监测设备；其次，决策水平有待提高，对事态发展估计不足，甚至有时会出现顾此失彼导致事态扩大而难以弥补的严重后果；第三，内外部联络渠道不够完备、信息沟通不畅，影响了技术支持和应急资源的有效调动，对危险化学品应急反应重要性认识不足，相关技术研究滞后，缺乏应急联动机制，诸多码头、岸边设施化学品泄漏事故暴露出的严重问题就是陆上和水上没有形成应急反应联动机制，预控防范措施脱节，使危险化学品污染快速扩大。

2. 长江水域危险化学品运输监管体制有待改进

从我国目前水上危险货物运输管理的实际看，危险货物运输立法和管理监督体制有待进一步理顺。应按照政企分开、权责一致、统一、精简、高效的原则，理顺水上危险品运输管理体制，解决目前交通部门、海事、港口行政管理部门以及工商、环保、质检、卫生等部门之间的职责交叉问题，解决多头管理。水上危险品运输的监管必须尽快改进和完善监管模式，才能更好地服务于长江危险品运输。对长江主干航道的扎口管理，对进入长江水域的危险化学品运输船舶全程监控，改进和完善长江船舶载运危险货物运输的综合管理模式，将申报制为备案制，以便于危险品运输中海事、海关等部门实现信息共享，打击瞒报谎报，是提高效率和加强危险品运输管理、监控的有效手段。

3. 加强危险品装卸作业码头的监督管理力度

强化危险化学品装卸作业码头的监督管理力度，特别对饮用水水源地上游重点危险化学品装卸作业码头列入例行检查范围，保障危险货物运输船舶的装卸安全；发现未按规程作业，出现任何跑、冒、滴、漏危险化学品要现场取证，坚决依法处罚。环保部门应对重点危险化学品码头加强监督管理，提高对危险化学品码头总排口的监测频次；禁批或限批饮用水水源地上游重点危险化学品作业码头新建、扩建项目，限批饮用水水源地上游重点化工企业的新建、扩建项目，从环境保护建设项目源头把好关。

4. 提高长江水域危险化学品运输市场的准入门槛

把好水上危险品运输市场准入关，严格按照《危险化学品安全管理条例》《水路危险货物运输规则》《国内运输船舶经营资质管理规定》等相关规定以及相关技术标准进行审查。对企业安全制度不健全、船舶达不到技术要求、从业人员不符合条件的，一律不予许可。对已进入运输市场但存在重大事故隐患的，要依法责令整改或吊销相关运输许可。对把关不严的，要依法对责任人进行严肃处理。同时，要进一步加强监督检查工作，对危险化学品运输单位进行定期、不定期的实地监督检查，督促运输单位加强安全管理。要进一步加强对从业人员与管理人员的教育和培训，不断提高从业人员的安全意识、专业技术水平和操作能力，夯实安全工作的基础。

5. 建立健全高效的应急指挥体系

在处理具有快速性和严重危害性的化学品污染事故时，要健全完善危险化学品应急指挥体系，提高应急反应效率，最大限度地减少水上危险化学品运输事故的危害。统筹规划、合理布局，形成分类管理、分级负责、条块结合、属地管理为主的水上危险品运输应急指挥网络，以促进统一指挥、功能齐全、反应灵敏、运转高效的应急机制的形成。通过建立健全应急工作领导负责制和责任追究制，完善落实应急会议制度、演习制度和培训制度，提高应急指挥机构的指挥权威和指挥效能。

6. 对沿江化工企业的环境安全专项整治

本次事件后,镇江市环保局对取水口上下游化工企业开展了拉网式排查。为杜绝今后发生类似事件,在全面排查沿江化工企业的环境安全专项整治行动的基础上,进一步加强化工企业排污监管和危险化学品水上运输管理,坚决打击违法排污行为,从源头上降低污染风险。对不符合环保安全要求、易对饮用水水源地造成隐患的企业,将按照转型升级的要求,坚决实施关闭搬迁。

2012 年山西长治 "12·31" 苯胺泄漏事故

时间和地点：2012 年 12 月 31 日，山西省长治市。

涉及化学品：苯胺。又名氨基苯、阿尼林、阿尼林油，无色油状液体，有强烈气味，暴露在空气中或日光下会逐渐变为深棕色，遇明火、高热可燃。苯胺是重要的化工原料，主要用于制造医药和橡胶硫化促进剂，也是制造树脂和涂料的原料。苯胺对血液和神经的毒性非常强烈，主要通过皮肤、呼吸道和消化道进入人体，造成溶血性贫血和肝肾损害等，大量吸入会引发急性中毒。国家标准规定水中苯胺浓度不得超过 0.1 毫克 / 升。

事故经过：

2012 年 12 月 31 日 7 时 40 分，山西省长治市山西天脊煤化工集团股份有限公司（以下简称天脊集团）巡检人员在例行检查时发现，苯胺库区一根输送苯胺的软管已发生爆裂，大量苯胺泄漏出来，正常情况下应该紧闭的雨水排水系统阀门偏偏没闭紧。泄漏的苯胺源源不断地通过下水道就近排入浊漳河，浊漳河从山西省流出后，主要流经河南安阳和河北邯郸一带。18 时，长治市环境保护局接到天脊集团报告泄漏苯胺 1 ~ 1.5 吨，报送市政府后的结论是自行处理。

2012 年 12 月 31 日至 2013 年 1 月 4 日，天脊集团组织人力关闭破损管道的出、入口，封闭了工厂排污口下游汇入浊漳河前的一个干涸水库。经初步核查，当时泄漏的苯胺总量约为 38.7 吨，干涸水库截留了约 30 吨，但仍有约 8.7 吨苯胺泄漏至浊漳河内。长治市政府与天脊集团迅速启动应急预案，先后在浊漳河河道中打了 3 个焦炭坝，对水质污染物进行了活性炭吸附清理，设置5个监测点，每两个小时上报一次监测数据，同时对山西省境内的80公里沿线河道进行水质监测。但由于对事故危害程度认识不够、估计不足，连续5天长治市政府和天脊集团都没有上报山西省政府及向河南省附近周边市县通报。

2013年1月4日晚，河北省邯郸市相关工作人员发现浊漳河上游河面出现大量死鱼。1月5日上午，山西省环境保护厅接到环境保护部通报后随即通知长治市。11时，天脊集团向长治市环境保护局报告苯胺泄漏达8.68吨。12时，河南省安阳市切断了岳城水库饮用水水源向该市第五水厂的供水，并启动了地下水源供水。下午，山西省政府启动应急预案并派出专家赶赴现场紧急处理，切断了流向河北省的水源，以避免造成更大面积的污染，同时通过建坝拦截部分污染物，再把污染的水源引到洼里。17时，长治市书面向山西省政府报告，省政府立即报国务院并成立了省级应急处置小组，启动了事故调查处置工作，要求长治市和有关部门尽快采取"堵、疏、清、拦、测、告"等措施，封堵源头，清理污染物，加强对污染物的全面检测，防止新的污染物向下游扩散，并加强与邻近省市的沟通工作，共同处理此次泄漏事故。截至5日，山西省境内河道长约80公里受到影响，平顺县和潞城市28个村、2万多人受到波及。事故发生后5天，山西方面才向河北、河南两地政府通报。

下游河北省邯郸市环境保护部门监测浊漳河，发现邯郸市入境处挥发酚为国家地表水Ⅲ类标准的127.8倍，王家庄苯胺浓度高达72毫克/升（国家标准是≤0.1毫克/升）。1月5日，邯郸市区因岳城水库水源污染大面积停水，引起当地市民抢水储水。1月7日，河南省安阳市境内红旗渠等部分水体苯胺、挥发酚等物质检出且超标，切断了岳城水库饮用水水源向安阳第五水厂的供水，林州市、安阳县也切断了来自漳河的饮水、蓄水。

1月8日凌晨，沿浊漳河的治理和吸附作业继续进行，在取水点下游给活性炭装袋、码放进河道，使活性炭几乎拦成小水坝。邯郸市环境保护局对邯郸市岳城水库内19个水样的检测结果全部达标，但在漳河岳城水库上游3个取样点水质的苯胺浓度为国家标准的5倍，挥发酚仍超标，为国家标准的 6 ~ 12 倍。通过筑坝将上游被污染的水拦截，并将苯胺超标的水全部抽走，进行净化处理。1 月 9 日，天脊集团用挖土机开挖渠道，铺设管道，拟将日后的生产废水经由管道排出，永不再走地表裸露渠道，以防发生渗漏污染。最高检察院将天脊苯胺泄漏事故列入重点挂牌督办案件。处置工作组报告事故后企业截留的河道、水库中的污染水体所结冰块已全部清理完毕，共使用活性炭 45 吨，累计清冰 1 250 吨，回运污水 2 648 吨，污染冰块及污水已运回天脊集团进行无害化处理。1 月 10 日，浊漳河下游小南海水库入口苯胺未检出，挥发酚检出但未超标，水质明显好转。

　　本次事故直接经济损失包括数千人两周来日以继夜的清污报酬、围堵吸附的耗材；近 200 万人"饮水荒"的费用，以及自来水厂水源污染、水源转移用资金；100 多公里污染河道沿线农民的养殖损失、庄稼烂根坏死等损失，数额巨大，而长远潜在危害更是无法估算。相关专家认为，苯胺毒性较大，较难处理，时值冬季河水结冰，活性炭吸附效果较差，清洁将会持续几年，届时冰面下有水流，会有流动水污染，水中含有不同物质，可能会因相互反应生成其他有害物质。水生动植物具有富集作用，用苯胺污染水灌溉农作物可造成根系死亡。截留在干水库中的 30 吨苯胺，缺乏防渗漏处理，渗入地下污染地下水，其隐蔽性使处理更棘手。长期食用含苯胺的水和食物，对人的肝、肾产生不良影响。如此大的环境污染事件对大众心理造成的不安，并导致戒备等负面影响，也会影响持久。

事故原因和教训：

　　（1）"估算数据"导致误判。1 月 7 日，长治市长张保在新闻发布会上将迟报 5 天的主要原因归咎为企业上报苯胺泄漏量的错误评估。当时企业上报的苯胺外泄量为 1 ~ 1.5 吨，数量较小，就认为是一般的安全生产事故，企业完全能够依据自己的力量进行处置，不会形成大的事故，没想到事故出现是由于企业对自身的设备、设施管理不善，造成外泄的苯胺通过雨水、污水处理管道泄入浊漳河。

　　（2）瞒报、迟报拷问信息公开。事故责任者对事故严重性认识不足，警惕性不高，避重就轻，推卸责任，使本应几小时内上报到省政府的事故信息，却"迟到"了整整 5 天，这不仅是违反《中华人民共和国政府信息公开条例》的行为，而且对社会和公众造成了利益侵害。

随着《中华人民共和国政府信息公开条例》的实施，民众对于突发事件信息公开、透明的要求也逐步提高，苯胺泄漏事件无疑是对政府信息公开的再度拷问。有些地方政府还在新旧观念边界徘徊不前，法制不够严谨，官员素养还不够高，舆论监督还不够严密，这些因素导致了苯胺泄漏造成三省跨界污染的严重性和持久性。

下　篇

案例 1

1956年日本水俣病事件

时间和地点：1956年，日本熊本县水俣镇。

涉及化学品：甲基汞。一种具有神经毒性的环境污染物，主要侵犯中枢神经系统，可造成语言和记忆能力障碍等。

事故经过：

1950年日本熊本县水俣湾东边的小渔村中，发现一些猫步态不稳，抽筋麻痹，最后跳入水中淹死，当地人称其为"自杀猫"，但无人深究此事。1956年，在水俣镇发生了一些生怪病的人，开始时口齿不清，走路不稳，面部痴呆，进而眼瞎耳聋，全身麻痹，直至精神失常，身体弯曲大叫而死。这种怪病就是日后轰动世界的"水俣病"，也是最早出现的因工业废水排放污染造成的公害病。目前已知水俣镇的受害人数多达1万人，死亡人数超过1 000人。

水俣病的罪魁祸首是当时处于世界化工业尖端技术的氮生产企业。1925年日本氮肥公司在这里建厂，后又开设了合成醋酸厂。从1932年开始，日本氮肥公司在氮肥生产中使用含汞催化剂。1949年后，这个公司开始生产氯乙烯，1956年产量超过6 000吨。与此同时，工厂把没有经过任何处理的废水排放到水俣湾中。氯乙烯和醋酸乙烯在制造过程中要使用含汞的催化剂，这使排放的废水含有大量的汞。汞在水中被水生生物食用后，会转化成甲基汞（CH_3HgCl），这种剧毒物质只要有挖耳勺的一半大小就足以致人死命。而当时由于氮的持续生产，已使水俣湾的甲基汞含量达到了足以毒死日本全国人口2次有余的程度。肇事方的隐瞒和政府的忽视，让附近居民遭受了巨大损失，周围环境遭受严重破坏。事实上，日本氮肥厂医院用猫进行的实验已经完全证明水俣病与氮肥厂排出的废水有关。尽管当时已经真相大白，但氮肥厂责令厂医院的实验者严加保密并拒绝承认事实，加之当时地方政府只注重发展经济，完全没有考虑环境保护和居民的安全，极力反对公开事实的真相。

水俣湾由于常年的工业废水排放而被严重污染，水俣湾里的鱼虾类也由此被污染了。这些被污染的鱼虾通过食物链又进入了动物和人类的体内。甲基汞通过鱼虾进入人体，被肠胃吸收，侵害脑部和身体其他部分。进入脑部的甲基汞会使脑萎缩，侵害神经细胞，破坏掌握身体平衡的小脑和知觉系统。据统计，有数十万人食用了水俣湾中被甲基汞污染的鱼虾。为了恢复水俣湾的生态环境，日本政府花了14年的时间，投入485亿日元，将水俣湾深挖4米才把含汞底泥全部清除。直到半个多世纪后的今天，水俣市才逐步摆脱了环境污染和水俣病公害的长期困扰。

事故原因和教训：

（1）事故发生后没有及时治理，工厂继续生产和排放污染物，危及当地居民的健康和安全。水俣病事件发生后，虽然医院证明水俣病与氮肥厂排出的废水有关，但氮肥厂责令厂医院的实验者严加保密并拒绝承认事实，继续生产和排污。

（2）当地政府只重视经济发展，忽视污染治理和环境保护。由于当地政府只注重发展经济，反对公开事实的真相，完全没有考虑环境保护和居民的安全，拖延了水俣病的治理十余年。日本的工业发展虽然使经济获利不菲，但难以挽回的生态环境的破坏和贻害无穷的公害病，使日本政府和企业日后为此付出了极其昂贵的治理、治疗和赔偿的代价。

（3）要重视重金属中毒对神经系统的损害。进入水体、土壤和大气的重金属可以通过呼吸道、消化道、皮肤三种途径侵入人体。最常见的重金属中毒途径为工矿企业所排放的废水。采矿、冶金、化工、电镀等多种行业的生产废水都含有重金属，排放的废水引起水质的污染，污染水中的动植物。土壤也不例外，由于重金属不能被土壤微生物所分解，易在土壤中累积，对蔬菜、粮食等农作物食品安全造成威胁，这些重金属最终会进入人体造成中毒。日本水俣病事件是一个典型的例子。

（4）要重视科普宣传。一方面要避免摄入过量的重金属类物质，另一方面要学会识别重金属中毒的表现。广大临床医生要充分重视，做到早诊断、早治疗，降低重金属对人们的损害。大多数重金属，例如铅、汞等慢性中毒常出现头痛、乏力、失眠、多梦、记忆力减退等，部分患者出现情绪、性格改变，焦虑、抑郁、急躁、易激动，不自主哭笑，情感淡漠，动作反应迟缓等症状。除此之外还有一些各自的特点，如慢性铅中毒可使脑神经支配的手指和手腕伸肌受累；慢性汞中毒可见肢端对称性感觉障碍、共济失调、步态及语言障碍、肌无力、意向性震颤、眼球异常运动、听力损害，另外部分患者还会出现嗅觉和味觉障碍。

（5）要借鉴事故之后的处置。水俣病被确认后，引起了日本各界的重视。1968 年起对氮肥厂进行了治理。首先切断了污染源，停止生产乙醛，转向生产液晶、香料、有机硅、保湿剂、树脂、化肥等产品。厂内设置环境安全部，开始实行清洁生产，设有污水处理厂，用沉淀法和活性污泥法处理废水，采用焚烧装置处理废弃物并定期进行检测。为支付患者的巨额赔偿，工厂自 1975 年以来经营逐步恶化，国家和县自 1978 年起通过发行债券给予支持，截至 1997 年共发行债券总额达 3 218 亿日元（约 27 亿美元）。为消除鱼、虾等水产品对人体的危害，自 1974 年起在水俣湾入口处设置了隔离网，禁止捕捞和出售湾内的鱼和虾，或捕捞后处理。这一防止鱼、虾洄游的隔离网设置长达 23 年之久，直至 1997 年 9 月连续测定鱼、虾中总汞和甲基汞已符合安全标准之后才正式撤离。为进一步对污染严重的区域进行治理，1988 年熊本县提出了对水俣湾汞污染最严重的区域进行填埋和周边进行整治的计划，于 1990 年开始动工进行了长达 13 年的填埋修复工程，耗资 485 亿日元（约合 4 亿多美元）。经过 30 多年的治理，水俣湾获得了新生。氮肥厂仍是当地的支柱产业，但工厂清洁，"三废"处理设施齐备。当地居民为记住这一血的教训，设立了"水俣病资料馆"，县内设置了"水俣病综合研究中心"以及以环境为重点的水俣工业学校，水俣病患者以亲身经历对青年一代进行环境教育。

案例 2

1976 年意大利塞维索三氯苯酚装置
爆炸二噁英污染事件

时间和地点：1976 年 7 月 10 日，意大利塞维索市。

涉及化学品：二噁英。二噁英是已知最毒的持久性环境污染物之一，极难生物降解，并富有亲脂性和高生物蓄积性。国际癌症研究机构已认定二噁英为人类致癌物质。

事故经过：

1976 年 7 月 10 日下午，意大利塞维索附近的 ICMESA 公司的一家化工厂三氯苯酚生产装置发生爆炸。爆炸产生的二噁英烟云从 50 米高空向周围 18 平方公里的居民区域扩散。据专家估计，该事故释放的二噁英质量在 100 克～20 千克。事故发生后几小时之内，被污染的区域有几名儿童出现皮肤发炎症兆。在随后的数个月内，130 多人出现氯唑疮（一种二噁英中毒的皮肤疾患），有 51 名孕妇自然流产。此外，几天之内有 3 300 只家禽和家兔死亡。为防止二噁英通过食物链转移，当地宰杀了大约 8 万只动物。幸运的是，该次事故没有直接造成人员死亡。在 1976 年，意大利政府还没有建立适当的法规程序来应对工业事故，并缺少对地方主管官员的指导，导致该地区居住居民的恐慌和不安。直到事故发生 2～3 周后才动员在工厂周边处于高风险区域的社区居民进行撤离。由于二噁英的环境持久性，其对暴露人群及儿童的长期健康效应有待进一步的科学研究。作为该事故的直接结果，欧共体理事会于 1982 年通过并颁布了控制重大危险事故的塞维索指令，对重大危险源设施进行安全监管。塞维索指令经过几次修订，目前的塞维索指令 II 要求，危险工业设施应当建立应急响应计划，在化学事故发生后及时地向可能受影响的公众通报事故信息并采取保护公众和环境的相关措施等。

事故的影响及教训：

（1）突发环境事件的严重后果，不仅与事故直接涉及化学品的固有危害性相关，而且爆炸火灾事故生成的燃烧分解产物也会造成严重的次生危害。本案例中三氯苯酚等有机氯化物爆炸燃烧产生二噁英污染物就是一个典型实例。

（2）事故应急预案的内容应当包括如何、何时向公众披露事故泄漏相关信息以及化学泄漏事故发生后如何保护公众和环境的方法。

（3）国家应当建立评估与持久性有机污染物相关的癌症等慢性疾病的延迟和长期健康效应的能力和方法。

（4）在欧盟国家，鉴于 1976 年塞维索二噁英污染事件的经验教训，欧共体理事会于 1982 年通过了《防止化学事故的塞维索指令》（82/501/EEC），提出了重大危险源设施判定基准和管理办法。1996 年 12 月欧盟理事会修订并颁布了《关于防止危险物质重大事故危害的指令》（96/82/EC）（简称塞维索指令 II），进一步完善了重大危险源设施识别及其临界量标准，建立了企业安全通报书、预防重大事故的方针和安全报告、应急预案、实施土地使用规划、公共信息发布与沟通以及事故报告与检查等制度，并要求各成员国根据该指令，颁布本国的法律法规和行政规定。塞维索指令 II 的核心内容包括：

安全通报书

所有重大危险源设施的经营者应当向主管当局呈送安全通报书，其内容包括：①经营者的姓名或企业名称；②经营者登记的经营地点；③危险物质或危险物质类别的名称等标识信息；④危险物质的数量和物理形态；⑤装置或储存设施从事的活动；⑥企业引发重大事故的危险因素或严重后果。

当企业危险物质的存储数量明显增加或者物质的性质或物理形态发生

明显变化或者生产工艺、装置发生变化或关闭时，设施的经营者应当立即向主管当局作出报告。

预防重大事故的方针和安全管理制度

设施经营者应当制定书面的"预防重大事故的方针"，陈述其预防重大事故的总体目标和行动原则并承诺适当加以实施。

储存超过临界量上限值的危险源设施企业还必须针对下列事项制定"安全管理制度"：①各级部门机构中管理重大危险源设施的人员的职责；②重大事故危险的鉴别和评估程序；③工艺装置、设备的保养与临时停车安全操作程序；④对工艺或储存设施的计划改造或设计新装置程序；⑤应急预案编制、演练和审查程序；⑥实现重大事故预防方针和安全管理制度目标的评价程序以及调查和补救行动的机制；⑦评价重大事故预防方针和安全管理制度有效性和适用性的程序等。

安全报告

存储量超过临界量上限值的危险源设施经营者必须向主管当局提交"安全报告"。其内容包括：①企业预防重大事故的方针和管理制度；②企业环境状况、可能发生重大事故风险的装置和企业的活动及可能发生的区域；③装置、生产过程和操作方式以及危险物质说明；④鉴别和事故风险分析与预防的方法，可能发生的重大事故的情节、概率或发生条件，可能引发事故的危险因素；重大事故后果及其严重性的评价；安全设备及技术参数；⑤企业抑制事故后果的防护和应急措施等。

重大危险源设施的经营者应当至少每 5 年主动或应主管当局要求对安全报告进行审查和更新。

应急预案及提供安全措施信息

重大危险源设施的经营者必须向主管当局提交企业内部的应急预案。内容包括：①制定应急行动程序及负责协调现场救援行动与对外联络的人员姓名及职务；②可能引起重大事故的重要条件，限制其后果应采取的行动、安全设备和可提供的资源；③为限制事故危害，现场人员作出的安排，包括发出的警报及将采取的行动；④向主管当局早期事故报警提供的信息及安排；⑤对值勤人员的培训，需要与厂外应急救援服务机构协调的事项等。

塞维索指令 II 规定，企业在制定内部应急预案时，应当与内部员工进行商议，并至少每 3 年演练和检查 1 次应急预案。重大危险源设施企业还有义务向社区公众提供安全防护措施信息，说明企业从事的活动，可能引发重大事故的危险物质名称、危险性类别及主要危险特性；发生重大事故的危险性，对人群和环境的潜在影响以及应当采取的行动及行为表现等。在发生重大事故后，经营者应当立即通报主管当局，提供事故情况、涉及的危险物质、评价事故对人类和环境影响的数据以及已经采取的应急措施等。

主管当局的监察与管理

各国主管当局对重大危险源设施采取的监管措施有：

（1）土地使用规划制度。对危险化学品生产（储存）设施的选址实行许可管理，控制新企业的选址、现有企业的技术改造，控制交通干线以及在企业与周围社区之间设置安全防护距离，可以预防和限制重大事故及其后果。对允许建设生产（储存）装置的区域或运输道路路线以及禁止从事这些活动的高风险区域，如地震、雪崩频发区域或泄洪道禁止建设化学品生产设施或设为运输公路路线作出明确规定。要求化学品生产和储存设施选址远离环境敏感地区和人口稠密区域，如饮用水水源保护区、学校、居民区等并设置适当的安全防护距离。此外，土地使用规划中还可以规定化学品储存设施之间的安全间距，以避免工厂内某一设施发生火灾爆炸时会引起邻近其他设施的连锁反应（多米诺效应）。

（2）建立重大危险源设施登记报告制度。根据化学品对健康和环境的固有危害性，确定不同危险性类别物质的临界量标准。要求生产和储存危险化学品设施超过规定临界量的企业向政府主管部门申请登记，并建立国家重大危险源设施数据库系统。作为批准登记的前提条件，企业应当建立和实施有效的安全管理制度。在申请登记时，企业应当向主管部门报告其从事的生产、经营活动细节，如场地当前储存的化学品名称和数量、操作处置、储存和应急响应程序并编制场地事故应急预案。要求企业对可能发生的突发事故进行场景和风险分析，提出适当的风险控制措施。要求危险化学品生产和储存企业符合安全标准，如根据危险化学品环境风险的大小，限制其储存容器的大小或者规定设置双层储罐或二次收容系统。

（3）审查企业提交的安全通报书和安全报告，发现重大危险源设施企业未能提交规定的安全通报书、安全报告或者危险源企业预防重大事故的措施存在严重缺陷时，主管当局应当禁止该企业、装置或储存设施的投入使用。

（4）组织执法检查活动，审查企业正在使用的技术、组织机构或管理制度，确保企业采取了适当措施以防止重大事故和限制重大事故的后果。为了实施法律规定的安全标准，政府主管部门应定期对重大危险源设施场地和危险物品的运输（含装卸作业）进行检查。检查的重点应当放在危险化学品的作业管理制度上，以确保所有安全相关事项都建立了适当的防范措施。应当对企业安全计划的每个环节进行检查，特别是首次检查时。如果不这样做，风险控制就可能停留在字面上。检查机构应当按照事先制定的安全核查表与核查程序，逐项进行核查，以防止应当检查的内容被遗漏忽视。地方主管当局应当根据许可阶段和现场检查获得的信息以及重大危险源设施企业提交的应急预案，考虑制定和完善本地区突发事件的应急预案。

地方应急预案应当包括以下最低限度要求：地方应急响应的监测、报警和能力扩展；地方应急计划与响应的指挥（控制）、作用和职责；国家支持机制、内部框架和报警机制；对应急救援队伍的要求及与地方政府的联络；主要应急救援人员的培训和演练；对潜在化学事故的应急人员能力和装备的规划。

地方政府组织机构、应急程序和装备之间保持一定的一致性是实施有效的相互支援和国家支持的前提条件。

1984 年印度博帕尔农药厂异氰酸甲酯毒气泄漏事件

时间和地点：1984 年 12 月 2—3 日，印度博帕尔市。

涉及化学品：异氰酸甲酯（MIC）。一种相当不稳定的过渡态化学物质，易燃且有高挥发性，有剧毒，容易和水、酸、碱及各种有机化学物质发生剧烈反应。当 MIC 作用于人体时，可致角膜、鼻黏膜、上呼吸道黏膜损伤及皮肤组织坏死、化学性肺炎、肺水肿等并发症状，高浓度状况下可使支气管痉挛造成窒息。这种致命物质在第二次世界大战期间，曾与一种名为齐克隆 B（Zyklon B）的氰化物一道，被当作集中营屠杀工具使用。

事故经过：

美国联碳公司印度有限公司博帕尔农药厂是当地一家大型农药企业。1984 年 12 月 2 日深夜 23 点，当博帕尔市 90 万居民大多数正在进入梦乡之际，该厂的一名操作工人发现盛装异氰酸甲酯的储罐（610#）发生轻微泄漏，储罐温度升高。泄漏是由于用来清洗内部管路的 1 吨洗涤水与储罐中存有的 40 吨异氰酸甲酯发生强烈放热反应造成的。由于生产装置制冷系统中的制冷剂已经被抽光用于装置的其他部分，610# 储罐未能被迅速冷却下来。随着储罐中压力和热量的累积，该储罐继续泄漏。而且设计用来中和阻止有毒气体向大气排放的两套安全装置、排气洗涤器和气体点火系统也在几周以前就被关闭了。在深夜大约 1 点钟时，该生产装置发生一声巨响，储罐的安全阀破裂，大约 40 吨异氰酸甲酯气体喷发进入博帕尔市的大气中，一瞬间随着风向的变化覆盖了厂外的大片区域，至少有

3 800 人在熟睡中或者外逃中中毒死亡，当地医院内很快挤满数以千计的受害者。由于缺少对引起中毒的气体毒性以及如何抢救治疗的准确信息，这场灾难进一步加剧。据估计，在事故发生后几天内死亡人数达到 1 万人。在随后的 20 天内还有 1.5 万～ 2 万名早产儿死亡。据印度政府报告说，有 50 多万人暴露接触过该气体，在该农药厂周边人口稠密的贫困区所受影响最大。

尽管博帕尔事件已经过去 30 余年了，但时至今日博帕尔民众的生活仍然未恢复正常状态，许多事件的受害者染患了该事故带来的慢性疾病，至少 5 000 名幸存者每天不得不在当地的诊所和医院外面排队等待染患疾病的治疗。暴露于异氰酸甲酯可能造成的长期健康影响从未进行过充分评价。污染场地的清理恢复进展缓慢。直至 2004 年，许多用过的化学品仍然遗弃在原工厂场地上，其储存条件低于安全标准的要求。泄漏化学品污染了当地的饮用水水源，地方政府不得不通过管道从科拉尔水坝向当地住民输送安全饮用水。2009 年进行的一项环境检测显示，在当年爆炸工厂的周围仍然有明显的化学残留物，这些有毒物质污染了地下水和土壤，导致当地很多人生病。

事故原因和教训：

博帕尔事件的发生是由于当地的法律法规、技术、组织机构和人员存在严重失误和漏洞等众多因素造成的。虽然事故的直接原因是大量洗涤水意外地进入异氰酸甲酯储罐发生化学反应，但是生产装置的各种安全措施失效以及缺少社区意识和应急响应措施进一步加剧并酿成了灾难性的危害。工业界、公众和政府部门面临的经济压力也是发生这起严重化学事故的重要影响因素。需从多方面总结该事故的原因和惨痛教训：

（1）异氰酸甲酯生产设施设立在贫困人口稠密区附近是事故泄漏后造成大量人员死亡的直接原因之一。1975 年建立异氰酸甲酯工厂时，该厂距离博帕尔市中心只有 1.5 英里远。当时，印度当局负责地方公共事务的官员，根据生产危险品的工厂必须远离市区 1.5 英里的法律规定，建议联合碳化物公司迁厂没有被采纳。后来，联合碳化物公司出资 2 500 美元，建立了一个城市公园，算是对空气污染的补偿，但这又吸引了 10 多万人迁移到博帕尔市东北部，在博帕尔市估计有 1.2 万人居住在离联合碳化物工厂只隔一条路远的地方。在以后的几年里，该厂发生多次重大事故，但均未引起厂方的重视。

（2）对化学品及其生产工艺危害与安全防范认识严重不足。在博帕尔事故之前，很多人对异氰酸甲酯的潜在毒性没有足够的认识，只知道微量的异氰酸甲酯可以杀死鼠类，并可使人有强烈的不适感。此外，从工艺危害角度分析，如果事故工厂进行危险性与可操作性研究（HAZOPA），势必会对 MIC 的毒性有清楚的认识。从工艺安全信息角度看，假如有关人员对"MIC 的沸点为 39.1 度"有足够认识，就不会未经任何评估，未采取任何措施就擅自停掉储罐的冷却系统；假如承包商对"MIC 能与水发生放热反应"有充分认识，肯定会采取"加装盲板"的措施，从而防止清洗水进入储罐。

（3）管理漏洞是事故发生的重要因素。从工艺变更管理角度看，工艺系统的安全设施之所以存在，必然有其设计意图，绝不能未经评估就擅自取消。在这起事故中，由于杀虫剂需求下降，MIC 暂停生产，但其存量仍然巨大，作为安全防护系统一部分的冷却系统被关闭，为节省下每天 37 美元的氟利昂费用。联合碳化公司的操作手册规定，当储罐温度超过 11 度时就应报警。而在停用冷却系统后，实际操作温度在 15 度左右，为防止频繁报警，该工厂随意将报警温度设定为 20 度，较高的温度使 MIC 与水的反应速度加快。工厂为了降低成本，放松了对设备设施的维护保养，MIC 储罐相关的温度、压力仪表都没有正常运行，控制室的操作人员没有及时觉察到储罐工况的异常变化。

（4）涉及危险化学品的企业为工人进行培训非常重要。工厂应该为员工提供基本的工艺知识培训以及相关操作技能的培训，使其了解工艺过程中存在的危害、相关的控制措施。按照博帕尔工厂最初的管理制度，要求聘请受过高等教育并获得学位者担任操作工，并为他们提供 6 个月的脱产培训。而为了降低成本，该工厂不再执行这一制度，操作人员的培训时间由 6 个月降到了 15 天。1980—1984 年，博帕尔的这座工厂为了节省开支而裁减人员，期间看管 MIC 部分的工人数量从 12 人下降到 6 人，其中检维修人员由 6 人减为 2 人，同时取消了夜间监护，在控制室只有一人看顾年久失修的仪表板上所有的指示器和控制器，仪表读数由原先的一小时一次延长为两小时一次。由于升迁的中止和安全风险的上升，老员工士气低落，许多不愿迫于管理层压力违反原有安全规章的员工被罚款，大批失望的人们离开这家工厂，去寻找别的更为安全、待遇更好的工作，熟练工的数量大幅下降，农药厂因此开始雇佣新人，以填充必须存在的岗位上的缺口，安全培训从 6 个月压缩到两周，以"标语"灌输的方式草草了事。

（5）低效率的应急反应是造成重大伤亡的重要因素。生产和储存剧毒化学品的重大危险源设施应当配备完好的安全监控和报警系统并制定有效的应急预案，提高社区公众应对突发环境事件的意识，才能避免灾难性事故的危害。博帕尔工厂缺乏预防事故的计划，对应急状态毫无训练。工厂没有公共报警系统，事故当晚拉响的警报，类似平时训练的警笛声，开始时还引起了误会，人们以为是装置发生了火灾而准备参加灭火。工厂的应急设施不完善，1982 年，美国联合碳化公司曾对该工厂进行安全检查，建议该工厂应安装 1 台强力喷水装置，建议并没有被采纳。即使现有的安全设施也没有处于备用状态，其最大设计处理量仅为泄漏量的 1/4，且在当年 10 月 23 日停止运转。工厂和社区的应急联动存在很大问题，事故发生后，工厂没有向居民发出警报，当地医院不知道泄漏的是什么气体，对泄漏气体可能造成的后果及应急措施也毫不了解。对于高风险的化工企业，应完善应急预案并加强演练，提高企业应对各类突发环境事件的能力。一定要加强与地方政府及周边社区的应急联动，加强社区居民个人防护、应急疏散等方面的教育培训，确保一旦发生影响社区的事故、事件能迅速疏散，最大限度地减少人员伤害。

（6）化学事故的后续处置工作还应包括当对事故可能造成的长期健康影响进行评价，并开展泄漏有毒化学品的长期环境监测工作。博帕尔事件已经过去多年，受害的幸存者仍在痛苦地挣扎着。1994 年，由国际医疗委员会的 15 名环境毒物学、流行病学和免疫学专家组成的特别小组，会同当地医生、研究人员及一些"幸存者"，在博帕尔开展了为期 12 天的临床考察，进行了流行病学研究、家庭生活质量研究和药理评估等项工作。他们得出结论，许多人因中毒导致中枢神经受损、运动神经协调功能丧失、免疫系统受伤害，而受害者表现出来的症状有气喘、咳嗽、胸背和肌肉疼痛、眼睛灼疼、焦虑和抑郁等，受害者的后代则表现为先天畸形、身体残缺和智力障碍。他们断言，这种恶果还会持续几代人之久。

1986年切尔诺贝利核电站泄漏事故

时间和地点：1986年4月26日，前苏联乌克兰地区基辅以北130公里的普里皮亚特市的核电站。

涉及化学品：放射性物质，包括铯-137、锶-90、碘-131等。在大剂量的照射下，放射性对人体和动物存在着某种损害作用。在4戈瑞的照射下，受照射的人有5%死亡；若照射6.5戈瑞，则人100%死亡。照射剂量在1.5戈瑞以下，死亡率为零，但并非无损害作用，往往需经20年以后，一些症状才会表现出来。放射性也能损伤遗传物质，主要在于引起基因突变和染色体畸变，使一代甚至几代受害。

事故经过：

1986年4月25日夜间，位于前苏联乌克兰地区的普里皮亚特市的核电站，4号机组（第4个反应堆）的专家进行非正式实验，检查反应堆按计划停止运行期间涡轮发动机组的情况。结果，26日4号反应堆先后发生两次爆炸，在核电站内引发30多处火灾。堆芯碎片被抛射到厂房的顶部，一些油管受到损坏，电缆短路，4号反应堆发出强烈的热辐射，机械大厅、反应堆大厅及其邻近遭受破坏的建筑物成为火灾中心。伴随着4号反应堆的损坏，大量放射性物质泄出，在空气流的作用下迅速扩散，爆炸产生的冲击波掀掉了反应堆的钢筋混凝土盖，并且引起大火。核燃料起火后，烧掉石墨，并且把重1900吨、直径为14米的堆芯中的氧化铀熔化了，当堆芯解体时，产生的放射性物质从无防护的反应堆建筑物中泄漏出来，酿成了人类和平利用核能历史上最大的一次灾难。

据统计，事故发生后有 13.4 万人遭受各种程度的辐射疾病折磨，方圆 30 公里地区的 11.5 万民众被迫疏散，甚至至今仍有受放射性影响而导致畸形的胎儿出生，如有的婴儿没有耳朵，有的长出 8 个手指等。事故使白俄罗斯共和国损失了 20% 的农业用地，220 万人居住的土地遭受污染，成百个村镇人去屋空。乌克兰被遗弃的禁区成了盗贼的乐园和野马的天堂，所有珍贵物品均被盗走，也因此而将污染扩散到区外。靠近核电站 7 公里内的松树、云杉凋萎，1 000 公顷森林逐渐死亡。还有学者的研究数据显示，当地的哺乳动物出现衰退，甚至包括一些大黄峰、草蜢、蝴蝶和蜻蜓等昆虫也出现同样的情况。生活在切尔诺贝利高辐射区的鸟类大脑也要比低辐射区的鸟类小 5%，大脑容量小意味着认知能力和生存能力差，很多鸟类的胚胎则根本无法存活。即使在 30 公里以外的"安全区"，癌症患者、儿童甲状腺患者和畸形家畜也急剧增多；甚至在 80 公里以外的集体农庄，20% 的小猪生下来也发现眼睛不正常。上述怪症被称作"切尔诺贝利综合症"。此外，核污染给人们精神、心理上带来的不安和恐惧更是无法统计。事故后的 7 年中，有 7 000 名清理人员死亡，其中 1/3 是自杀。参与医疗救援的工作人员中，有 40% 患上了精神疾病或永久性记忆丧失。

苏联政府组建了政府工作组、政府委员会等机构，政府委员会由原子能、反应堆、化学等方面的科学家、工程技术专家及克格勃官员组成，着手调查事故原因并参与应急处理决策。围绕"控制反应堆放射性物质的泄漏"主题边调研、边救助，先后采取了灭火、调入军队和清理事故人员、隔离事故反应堆、疏散附近居民等多种措施。总共出动超过 50 万人，耗巨资抢险和清理周边区域，用混凝土等材料建造"石棺"，封存 4 号机组反应堆。之后，1 号、2 号和 3 号机组也分别于 1997 年、1991 年和 2000 年停运，核电站最终退役。不过目前，由于"石棺"外部表面出现裂缝，乌克兰也正募集资金用于新建一个设计寿命为 100 年的拱形钢结构外壳和一个独立乏燃料永久保存设施，预计 2015 年交付使用，但建造费用预计高达 11 亿英镑。一旦新外壳到位，工作人员可着手拆卸 4 号反应堆，处理"石棺"内积存的数以吨计的放射性物质。

事故原因和教训：

（1）在核电站设计及建立时，应将安全因素放在第一位，在经济、技术等方面体现安全优先的原则。本次事故的原因主要是技术及工艺的落后以及工作人员的操作失误：据专家分析，核电站爆炸一方面原因可能是堆芯冷却系统发生故障，使工艺管内缺水，堆内温度急剧上升，导致燃料芯体熔化，使高温下的水蒸气与钴、石墨发生反应产生氢气，并在高温下发生爆炸后引起大火。另一方面原因是技术落后，缺乏先进的电子计算机监测系统，以及管理不当，工作人员操作失误，酿成事故。

（2）核事故与其他事故相比，其危害延滞性特别明显。核事故一旦发生，必须在第一时间内采取相应的措施，消除灾害后果，防止因核事故造成的放射性物质的扩散。

（3）对核事故的救援工作，应严格贯彻预防为主的方针，切实做好核电站、核材料的管理工作，特别是对一些安全性能不是很高的旧式核电站，应特别加强安全检查、检修，及时消除事故隐患。

1986年瑞士桑多兹公司农药仓库
火灾污染莱茵河事件

时间和地点：1986年11月1日，瑞士巴塞尔市。

涉及化学品：有机磷杀虫剂（敌敌畏、乙拌磷、对硫磷等）、含汞农药、含锌农药以及硫丹、二硝甲酚等其他农药。

事故经过：

莱茵河是一条著名的国际河流，它发源于瑞士阿尔卑斯山圣哥达峰下，自南向北流经瑞士、列支敦士登、奥地利、德国、法国和荷兰等国，于鹿特丹港注入北海，全长1 360公里，流域面积22.4万平方公里。自古以来莱茵河就是欧洲最繁忙的水上通道，也是沿途几个国家的饮用水水源。

巴塞尔位于莱茵河湾和德法两国交界处，是瑞士的第二大城市，也是瑞士的化学工业中心，三大化学集团都集中在巴塞尔。1986年11月1日深夜，位于巴塞尔市的桑多兹化学公司的一个化学品仓库发生火灾，装有约1 250吨剧毒农药的钢罐爆炸，硫、磷、汞等有毒物质随着大量的灭火用水流入了莱茵河。桑多兹公司事后承认，共有约1246吨各种化学品被灭火用水冲入莱茵河，其中包括824吨杀虫剂、71吨除草剂、39吨杀菌剂、4吨溶剂和12吨有机汞等。有毒物质形成70公里长的微红色飘带向下游流去。翌日，化工厂用塑料堵塞下水道。8天后，塞子在水的压力下脱落，几十吨有毒物质流入莱茵河后再次造成污染。11月21日，德国巴登市的苯胺和苏打化学公司冷却系统故障，又使2吨农药流入莱茵河，河水含毒超出标准200倍。

　　水体污染迫使德国和荷兰的自来水厂关闭，采用汽车向居民定量供水。法国的渔业、旅游业和海水养殖业蒙受了巨大损失。据报道，在荷兰段的莱茵河水中汞含量超标三倍。事故场地附近有 5 万立方米的土壤被汞等化学品污染，需要进行处理。河滩污染后停止了牲畜饮水供应。事故后采用真空泵从污染的河床中抽吸去除汞污染物。耗时 3 个月才完成场地清理，造成的经济损失估计为 1 000 万瑞士法郎。

　　污染使莱茵河的生态受到了严重的破坏。莱茵河中水生生物大量消失，事故场地下游 400 公里的水底生物和鳗鲡完全灭绝。受事故影响的三个主要鱼种为鲑鱼、茴鱼和鳗鲡，有 50 万尾鳗鲡（大约 200 吨）死亡，下游 650 公里内的鳗鲡种群在数年之内受到影响。从事故地点至下游 150 公里内的茴鱼和鲑鱼全部死亡，下游 450 公里内这些鱼种都受到影响。靠近污染源头的水体中大型无脊椎动物遭到灭绝，远处的种群也受到影响。大量的鸟类和昆虫由于污染而死亡。事故造成的严重影响还可能是由于排放的农药与莱茵河水中当时存在的慢性污染物的协同效应导致的。事故发生一年以后，经过广泛的净化和恢复作业（向河水中定期放生鳗鲡和其他鱼种），莱茵河中大多数鱼种和栖息生物才得以恢复。

　　该事件发生后，法国环境部长于 12 月 19 日要求瑞士政府赔偿 3 800 万美元，以补偿渔业和航运业所受的短期损失、用于恢复遭受生态破坏的生态系统的中期损失以及在莱茵河上修建水坝的开支等潜在损失。瑞士政府和桑多兹公司表示愿意解决损害赔偿问题，最后由桑多兹公司向法国渔民和政府支付了赔偿金。该公司还采取了一系列相关的改进措施，成立了一个"桑多兹—莱茵河"基金会以帮助恢复因这次事件而受到破坏的生态系统，向世界野生生物基金会捐款 730 万美元用于资助一项历时三年的恢复莱茵河动植物的计划。

事故原因和教训：

　　（1）事故处理过程缺乏整体考虑，会产生严重的次生污染。该次污染中灭火的消防污水直接排入莱茵河是造成水生环境污染的主要途径。化学品仓库着火时通常会对生态系统造成严重损害，这是由于含有灭火用泡沫、农药、制剂以及燃烧产生的分解产物等复杂化学成分的大量消防污水进入了水生环境系统。在消防系统以及储存设施的污水处理系统的设计阶段就应当考虑控制这种污染途径。在编制事故应急预案时也应当加以考虑。

（2）安全监管不到位是造成事故的重大隐患。这次事故向环境中泄漏的有毒农药数量仅占仓库库存量很小的一部分（1%～3%），该仓库设施储存的农药数量，其中剧毒农药的总量已达到 400 吨。根据欧盟《关于防止危险物质重大事故危害的塞维索指令Ⅱ》第二部分附件Ⅰ规定的危害环境物质的临界量基准，该设施本应当遵照第 9 条规定，编制并向主管当局提交"安全报告"，但是却只按照第 6/7 条规定，编制并提交了重大危险设施"安全通报书"和"预防重大事故的方针"，安全监管的疏漏为事故发生埋下隐患。

（3）跨国河流突发性污染防治对策须加强。跨国河流在一国境内遭受的污染可能会随着河水的流动性而危害其他流域国，妨碍他国对水源的正常利用。莱茵河事故不仅使瑞士蒙受巨大损失，也使德国、法国、荷兰等国遭受严重伤害，使瑞士和其他受污染国家之间产生了严重的矛盾。该事故使得莱茵河流域各国投入大量的财力和人力进行治理。防治莱茵河污染国际委员会于 1988 年分别制定了《莱茵河协定》和《莱茵河行动计划》，提出消除突发性污染事故造成的生态危害，防治洪涝灾害，严格控制排入莱茵河的污水和污染物总量，提高水质，使莱茵河入海口的北海生态能稳定在良性状态，促进莱茵河流域生态系统的可持续发展。

1988 年美国宾夕法尼亚州的
石油类物质泄漏事件

时间和地点：1988 年 1 月 2 日，美国宾夕法尼亚州。

涉及化学品：柴汽油。

事故经过：

该事故是由于储罐的底层板出现故障，导致石油储罐侧翻引起的。装有 300 万加仑柴油的储罐侧翻并连带邻近汽油储罐泄漏造成 380 万加仑的柴油和汽油外泄。大量泄漏形成的油品波涛冲破围堰，呼啸着泄入雨水排水系统。共计 380 万加仑（大约 12 500 吨）柴汽油泄漏，75 万加仑（约 2 400 吨）柴汽油流入了莫农加希拉河，并流入俄亥俄河。泄漏场地下游 100 英里的河面上布满了浮油。有 80 个社区（大约 100 万人口）停止了饮用水供应，许多企业被迫暂时关闭取水口。美国国家警卫队协助进行了 4 个多月的净化作业，净化清理费用高达 1 140 万美元。事故造成 2 000 ～ 4 000 只鸭类、潜鸟、鸬鹚和加拿大鹅等动物死亡，大量鱼类死亡并对珠蚌等濒危物种群生长造成威胁。野生动物保护人员尝试清洗鸟类身上的油污，拯救了不少鸟类的生命。

事故原因和教训：

（1）应急预案的前期估计不足。该事故的原因是结构缺陷和灌装过量引起的石油储罐侧翻倾倒，泄漏油品冲破了企业设置的截流围堰并进入附近的雨水排水系统。虽然难以估计事故泄漏情况下防护围堰措施是否适当，但是，在该装置设计和应急预案中，应当考虑到发生泄漏事故时如何避免油品进入下水道系统。

（2）生态后果与泄漏排放量密切相关。从事故分析中可以看出，较少数量的石油泄漏也会带来严重的环境损害。排入河流中的柴汽油量高达2 400 吨，该数量略高于《关于防止危险物质重大事故危害的塞维索指令II》第 6/7 条对石油馏分设定的临界量值。

案例 7

1998 年西班牙阿兹纳格拉尾矿坝垮塌引起废矿渣泄漏事件

时间和地点：1998 年 4 月 25 日，西班牙阿兹纳格拉。

涉及化学品：含有酸性废水和重金属（Zn, Cd, Pb, As）污泥的锌矿废渣。

事故经过：

1998 年 4 月 25 日，西班牙南部的瓜达尔基维尔湿地附近的阿兹纳格拉锌矿的尾矿坝发生部分垮塌事故，大约有 500 万立方米的酸性重金属废渣泄漏进入瓜迪亚纳河，污染了河流下游 40 公里的农田和湿地，包括 900 公顷多纳纳国家自然公园。该自然公园的污染区域的 pH 值从 8.4 降到 4，重金属锌浓度达到 270 毫克/升；镉浓度达到 900 微克/升；铅浓度达到 2 500 微克/升。造成瓜迪亚纳河中大量鱼类和无脊椎动物死亡。事故泄漏的重金属被转移至鸟类体内和食物链中，对该地区动植物种群构成严重的风险。

事故原因和教训：

（1）监管缺失。该事故发生在锌矿石开采过程中，但是矿石开采和精炼工业设施却未被列入《控制重大危险源设施的塞维索指令》的重大危险源设施范围之内。

（2）化学污染进入食物链的后果相当严重。该突发环境事件对生态系统和多纳纳国家自然公园的严重破坏性与瑞士山道士公司农药仓库泄漏事件一起被认为是欧洲发生的最严重的生态灾难事件。需要强调避免化学污染物进入食物链的重要性。建立土地使用规划在保护生态环境上具有重要意义。

2001 年法国图卢兹硝酸铵肥料厂爆炸事件

时间和地点：2001 年 9 月 21 日，法国图卢兹市。

涉及化学品：硝酸铵。一种应用广泛的物质，既是制造民用炸药的主要原料（也称作技术硝酸铵），又是一种农用化肥及氧化物（在缺氧状态下可与其他物质反应而燃烧）。鉴于某些作物对硝态氮肥的需要，常将硝酸铵做改性处理（制成复合肥或混合肥），使之失去爆炸性并且不可还原，作为化肥销售、使用。尚无统一的分类，在联合国危险物运输建议书中被分为第一类、第五类和第九类。尽管人们对其性能、安全评估包括热稳定性、环境相容性、爆炸性等做了大量的研究工作，但相关安全事故仍呈高发态势。

事故经过：

2001 年 9 月 21 日 10 时 15 分，法国 AZF 化肥厂发生一起大规模的硝酸铵爆炸事故。法国是欧洲主要的农业大国，著名的南部大面积葡萄种植园的化肥主要依赖于 AZF（Azote De France）。AZF 历史悠久，1924 年曾生产火药。公司工厂位于 Toulouse 西南郊，离市中心 3 公里，工厂兴建时周围没有居民。随着城市的不断扩大，该工厂周围布满了居民、其他化学工厂、学校（包括大学）、商店、医院及密集的公路网。工厂以东是 Ariane 推进剂燃料工厂，占地 70 亩，职员 450 人，事故发生时 360 人在工厂工作。该工厂是法国国内 1 250 家欧盟 SEVESO 指令（高危险性物质）生产厂家之一，主要原料有氨（每天 1 150 吨）、硝酸（每天 820 吨）、尿素（每天 1 200 吨）、硝酸铵等。其硝酸铵或硝酸铵基产品包括每天 850

吨化肥用硝酸铵，400 吨技术（爆炸性）硝酸铵（用于 ANFO）和 1 000 吨各种硝酸溶液。该工厂还是一个大规模危险品仓储库，允许存放 6 500 吨氨、112 储罐氯，以及大量的硝酸铵，箱装 15 000 吨，袋装 15 000 吨，热浓缩溶液 1 200 吨。

事发前没有接到任何发烟或有异常气味的报告。事故造成 31 人死亡，大约 2 500 人受伤，附近包括 50 所学校在内的 1 万多幢建筑物以及公路上行驶的很多车辆受到不同程度的损坏，7 000 人进入暂时避难所。幸运的是爆炸没有引发工厂内其他厂房（有些虽然已经震坏）正在生产或仓储的危险物的爆炸。

事故的确切原因并未查明。事故发生后,法国政府成立了一个由政府、工厂及专业人士组成的专家调查组。一所大学接受委托在工厂进行了一些实验，研究进行了大量的现场调查，警方与法院发布了初步调查结果。对于事故发生的原因，有硝酸铵中混入不纯物促进了分解反应，其他设施或者车间局部有小的爆炸，溅起的小金属碎片溅到硝酸铵储存处引发硝酸铵更大的爆炸，工厂地下铺设的电线发生漏电反应，硫酸泄漏等推测。其中第一种推测认为可能性较大。在事故现场，390 ～ 450 吨硝酸铵以 5 ～ 10 米高、20 ～ 30 米长堆积在水泥地板上，经过多年存放，所有可能物质如油类、有机物残渣、氧化铁、硫黄、沥青会积累并与硝酸铵相混，在硝酸铵分解时起腐蚀作用并且引发某种先期反应。在事故发生前，一种氯化物（二氯异氰酸钠 DCCNa）可能混进硝酸铵。DCCNa 易与硝酸铵反应生成氯化氮，一种可以在室温条件下爆炸的不稳定气体。DCCNa 与硝酸铵的反应可能在事故爆发当天的高湿度及环境温度下得到加强，当局部温度达到或超过硝酸铵的安全储存温度时，就可能引发硝酸铵的热爆炸反应。

在过去欧盟 SEVESO 指令 80/876/EEC 下，各国作出许多包括物质毒性的检测报告，然而却没有关于硝酸铵爆炸实力分析和预测的报告。事故发生后，欧洲几个国家进一步检讨和完善有关生产和应用硝酸铵或其他类似物质，特别是对经污染的硝酸铵或者硝酸铵混合物、不合格硝酸铵的管理，以及硝酸铵储存和运输的法规。有关硝酸铵作为化肥其爆炸性的检测，在固体堆积状态下热分解转爆燃的机理、复合肥或者混合肥中的杂质、硝酸铵纯度对于硝酸铵物理化学性质的影响，以及加强对各种条件，尤其是大规模储存条件下可能发生的事故的预测等研究取得了一定的进展。

事故的教训：

（1）预防化学事故需要适当评价化学品合成、储存、运输和使用过程中相关的环境风险。虽然 AZF 化肥厂属于具有高度风险的企业，但是未能适当评估该厂储存硝酸铵的相关风险，也没有人曾考虑过万一硝酸铵发生爆炸可能会出现的事故场景。硝酸铵储存仓库一段时间内也没有进行过安全检查。此外，当地主管部门将其注意力放在氯气、氨和光气的风险评估上，却低估了防止硝酸铵爆炸、保护人员安全所需设定的安全距离，因此，居民区也过于靠近该工厂场地。

（2）建立国家化学事故或突发事件信息数据库系统，可以有助于更好地估计化学事故可能对健康和环境的风险。例如，某些重复发生的小型化学品事故可以为适当防范重大事故的潜在风险起到报警作用。研究审视世界各地化学事故案例可以汲取事故的经验教训，改进和完善国内或当地的防范措施和应急预案。

（3）事故应急预案应当考虑所有可能的事故场景，甚至包括可能不会出现的情景。应急预案的内容应当包括与公众的沟通交流，因为缺少信息公示会导致人们的不满，可能干扰应急救援行动。由于当地对爆炸物储存有严格的法规规定，在这次事故中没有其他化学品发生泄漏。对事故的应急救援中发现，突发环境事件应急相关各方之间缺少协调和沟通。由于电话线在爆炸中被切断，道路迅速被车辆阻塞，难以进行人员撤离。医疗救援单位抱怨缺少事故情况的信息，限制了其实施应急救援的能力。媒体则提供了相互矛盾的消息，公众不知道该如何作为，引发了对政府部门工作的长期不信任。

2002 年西班牙加利西亚油轮失事
石油泄漏事件

时间和地点：2002 年 11 月 13 日，西班牙加利西亚。

涉及化学品：重质燃油。燃料油中的一种，其黏稠度高，生产该类物质的原料多为原油经过常压和减压蒸馏后留下的渣油。

事故经过：

2002 年 11 月 13 日，一艘装载 76 972 吨重质燃油的巴哈马籍油轮（MV "威望" 号）从拉脱维亚驶往直布罗陀海峡的途中，在途经西班牙加利西亚省海域时遭遇强风暴，油轮在强风和巨浪的侵袭下失去了控制，在距西班牙加利西亚省海岸约 9 公里处搁浅。据报道，"威望" 号在驶至加利大区沿海距菲尼斯特雷角大约 5 公里处时，船上的一只集装箱被风浪颠起，砸到油轮中不得作线上，左舷立即被砸裂一个 35 米长的大口子，燃料油大量外泄，形成一条约 5 公里宽、37 公里长的污染带。"威望" 号发出呼救信号后，西班牙立即派出救援船只和直升飞机，将 27 名船员全部搭救到海岸上的安全地带。西班牙政府担心无人驾驶的 "威望" 号油轮沉没还会引起更加严重的污染，第二天便使用 4 艘拖轮将 "威望" 号油轮从西班牙领海拖至距离菲尼斯特雷角 137 海里的公海里。

11 月 19 日，被大风吹向葡萄牙海域方向的 "威望" 号经不起几天的风浪冲击，于上午 11 时在离葡萄牙海域约 50 海里处断裂成两半，16 时沉入 3 500 米深的海底。

11 月 20 日，大风使得沉没的油轮再次发生泄漏，大量的燃油继续向西班牙西部的海岸边漂去，泄漏燃油已经达到 1.1 万吨，长 400 公里的海岸受到污染。海滩上已经积了厚厚的一层燃料油，生态环境遭到严重破坏，污染最严重的是一些支流、小溪和沼泽地带，燃油全部渗透到内陆的草地植被当中，一些木制的栅栏全部被燃油"漆成"了黑色。据一位正在西班牙加利西亚省海域参与救援的官员称，在污染最严重的海域，泄漏的燃油有 38.1 厘米厚，一眼看去海面一片黑，偶尔还可以在海滩上看到几只垂死的鸟，原本碧海银沙、风光迷人的加利西亚海岸成了黑色油污的人间地狱。

几周以后，该事故导致大约 63 000 吨高度持久性重质燃油泄漏出来，造成加利西亚海岸（欧洲最富饶的海洋生态系统的一部分）被严重污染，当地渔业和养殖业遭到破坏。石油泄漏还影响到法国海岸、英吉利北部和葡萄牙水域。该油船失事影响到 1 900 公里的海岸线，事故后在近海和沿海岸边开展了大规模的净化作业，仅加利西亚海岸净化作业费用就高达 38 亿美元，是西班牙历史上最严重的一次环境污染事件。

油轮"威望"号在西班牙海海域沉没引发生态灾难，全球震惊，国际社会反映强烈，对悬挂方便旗船只的管理问题、超期服役或维修不善的船只的处罚问题、有关管理法规的效力问题、协同处置紧急事态的行动问题，以及赔偿救助问题等进行了思考与明确。

尽管加利西亚海岸的海上运输十分繁忙，但是截至发生沉船事件时，没有制定明确的事故应急预案。在没有任何明确的协调组织并缺少泄漏石油对健康的潜在毒性信息的情况下，数千名志愿者进行了净化救援作业，这种缺少协调组织的救援行动受到了各界广泛的批评。此外，决定将油轮拖至外海，而不是让其驶入港口以减轻其承受的压力的决定也受到外界的批评。"威望"号油轮沉没事件也促使欧盟作出决定，禁止单一巨型油轮载运重质燃油进入欧洲水域。该船的保险公司以及 1992 年建立的国际石油污染赔偿基金负责支付了事故赔偿金，但是该数额并不足以补偿这次事故造成的经济损失。

事故原因和教训：

（1）利益驱动让"问题"船有机可乘。由于方便旗国家未必存在航运立法机构，或是有关国际公约等的签约国，其受理船籍注册登记主要以收取入籍费为营利目的，并不对挂旗船实行严格管理，因此缺少严格的规章来约束方便旗船，所以，许多挂方便旗船舶的管、用、养、修等都维持在最低水平甚至不达标，并且船员素质很差。同时，方便旗船的背景情况往往错综复杂，归属责权等难以明确界定，对其监管十分困难。如"威望"号油轮挂巴哈马旗，入籍美国船级社，分别有两家在利比里亚注册的希腊公司拥有和经营，为瑞士等某石油贸易公司租用，由多国船员操作，伦敦保赔协会承保，法国船级社签发其 ISM 证书等。此外，石油航运市场的激烈竞争迫使某些油轮船东急功近利，为省钱等而求利于现存的老旧货船。根据目前的行情，租用有 26 年船龄的"威望"号老旧油轮的费用比平均为 11 年船龄的现代型油轮，每天可节省 5 000 美元。这些老旧船大多超期服役，疏于保养，已经不堪重负了。

（2）冒险、救助不利成为事故的催化剂。危险化学品管理法规应当加强对危险货物运输方式的监管。在本次事故中，尽管已预知所要取道的直达航线可能要穿越天气恶劣、海况复杂的危险海峡或者靠近生态脆弱、敏感的海岸，但船长们迫于市场竞争压力往往铤而走险。"威望"号等许多油轮的遇难地方均为海难事故高发的海域。此外，失事船舶并非立刻破裂下沉，而是由于未能被允许及时转移到相对安全的近岸海域避难或过驳作业以减轻船舶的负载等，甚至被驱赶至更危险的远洋公海，最终使得原本可以避免的潜在风险变成了现实的灾难。"威望"号油轮从搁浅直到断裂沉没经历了约一周的时间，因此，有关方面对西班牙政府拒绝让该油轮在附近海域寻求庇护和进行船对船货油过驳作业提出了质疑。解决危急船舶的避难问题应是国际海事组织应考虑的问题。

（3）要完善船舶监管，堵住安全漏洞。国际海事组织虽然对船舶的技术规范、检验标准有着详细的明文规定、严格的要求，但其实施情况及对之的监督、把关效果并不尽如人意，不符合技术标准的船舶照样航行。据巴黎谅解备忘录数据库的资料显示,自 1999 年以来,"威望"号来该区域未经过一次港口国监控检查。船旗国巴哈马曾于 2001 年在该轮货油舱室进行过大面积的钢结构置换,这正是该轮断裂之处。而向来以权威著称的美国船级社也未发现任何问题,这不能不引起人们对监管过程、监管质量的质疑。众所周知,一起航运事故一般总是诸环节各种偶发因素综合交互作用的结果。"威望"号轮沉船泄油事故提示了监管的薄弱环节:应当安全设计和建造化学品的运输工具,如油轮(双层外壳),并适当进行维护。运输危险化学品的车辆和容器应当进行严格的检验检查;加强对方便旗船的监管、老旧船的船旗国、港口国的安全监管;从机制上督促有关船东、货运公司等诸方面负起责任,确保其所用油轮的适载性、适航性及航行、作业的安全性、应急可靠性,提高船舶、海洋状况的情报信息化程度等。

2004 年伊朗内沙布尔列车危险货物混装造成爆炸事件

时间和地点：2004 年 2 月 18 日，伊朗内沙布尔。

涉及化学品：硫黄（易燃固体）、汽油（高度易燃液体）、化肥（与易燃液体混合时有爆炸危险）。

事故经过：

2004 年 2 月 18 日凌晨，一列装有各种化学品的 51 节铁路罐车与其牵引车分开后，沿铁轨向后滑动并在另一车站发生脱轨，造成大量化学品泄漏和燃烧起火。当地事故应急部门立即开展应急救援作业，并在数小时内控制住火情。当应急救援人员正试图扑灭火焰并阻止泄漏时，发生了剧烈爆炸，造成大量人员伤亡。该爆炸波及到 70 千米以外，摧毁了铁路沿线的大部分建筑物和房屋，并严重损毁 5 个村庄。爆炸造成了数百人死亡，应急消防人员和旁观者也受到了伤害。由于爆炸发生得十分突然，在现场指挥救灾工作的多名地方官员也以身殉职，包括内沙布尔市市长和当地消防局局长等数名官员都在爆炸中丧生，铁路局局长下落不明，一名正在现场进行报道的年轻记者也在爆炸中丧生。

事故原因和教训：

脱轨的铁路罐车装有各种化学品，包括 17 车厢硫黄、6 罐车汽油、7 车厢化肥以及 10 车厢棉花皮毛。这起爆炸事故是因为集中混装化学性质相互抵触的禁配化学品，在列车脱轨后发生泄漏并遇火受热引起的。如果应急救援人员能够了解到铁路罐车中装载化学品的危险性质,这起爆炸伤亡事故也许能够避免。

(1)铁路罐车运输危险化学品的信息以及运输方式应当遵照联合国《关于危险货物运输的建议书:规章范本》的有关规定。该建议书要求危险货物标签应当遵循《全球化学品统一分类和标签制度(GHS)》的规定。为了减少运输事故发生,需要将国际相关规定尽快纳入本国运输安全法规之中并制定相应的国家标准规范。

(2)实施应急救援时,决策者需要尽早了解和掌握某些运输环节存在的风险性,以避免发生类似的意外爆炸和伤害。

案例 11

2010 年墨西哥湾石油泄漏事故

时间和地点：2010 年 4 月 20 日，美国路易斯安那州墨西哥湾。

涉及化学品：原油。在海面形成的油膜能阻碍大气与海水之间的气体交换，影响海面对电磁辐射的吸收、传递和反射。海面和海水中的石油会溶解卤代烃等污染物中的亲油组分，降低其界面间迁移转化的速率。

事故经过：

2010 年 4 月 20 日 22 时左右（美国中部时间），瑞士越洋钻探公司（Transocean）所属，由英国石油公司（以下简称 BP）租用的石油钻井平台"深水地平线"发生爆炸并着火。4 月 22 日，平台沉入墨西哥湾，随后大量石油泄漏入海。事故发生时，该石油钻井平台上有 126 名工作人员，其中 11 人死亡、17 人受伤。4 月 24 日，失控的油井开始大量泄油，持续 87 天，约有 410 万桶原油流入墨西哥湾，污染波及沿岸 5 个州，成为美国历史上最严重的漏油事故，被美国定为"国家灾难"。

事故发生后，BP 立即启动应急响应计划，在采用传统救援井措施的同时，BP 还采取了一系列独到的技术措施。第一步，安装控油罩控油，但收效甚微；第二步，安装吸油管回收原油，在约 1 600 米深处利用水下机器人成功将吸油装置下端连接到海底输油管，每天可回收约 3 000 桶漏油；第三步，采用顶部压井法；第四步，采用"盖帽"法成功引流漏油；第五步，采用静态封堵法，8 月 5 日，顺利完成向油井顶部灌注水泥的工作，很快成功封死油井；第六步，救援井彻底封堵，9 月 16 日在井底实现救援井与事故井连通，9 月 19 日宣布漏油井被彻底封死。在实施油井封堵的同时，美国政府和 BP 公司全力开展海面及海岸清污工作。其中，海面清污的重点是收集或消除溢出油品，海岸清污的重点是保护海岸线，防止海面浮油侵入。

该事件造成了重大的经济、环境和生态灾难。原油泄漏对当地经济的直接影响巨大。墨西哥湾的渔业每年产值达到 18 亿美元，是美国除阿拉斯加之外的第二大渔业市场。据专家估计，仅对路易斯安那一个州来说，漏油污染可能就造成了 25 亿美元损失。

此外，原油泄漏的近期危害首先是对海洋动物和生态的危害。原油把大量的海鸟困在油污中，海鸟的羽毛一旦沾上油污，鸟儿就难以承受沾在身上的原油的重量，无法飞走，于是被滞留在油污中，或窒息或溺毙而亡。当然，海鸟更多的是中毒而亡。被原油污染的海洋生物，如海豹和海龟等，也会试图一次又一次地跃出海面，把皮毛上的油污甩掉。但由于污染面积宽广，而且油污严重，它们最后都会一个个挣扎得筋疲力尽，无力地沉入海底死亡。墨西哥湾密西西比河入口处湿地面积占美国湿地总面积的 25%，具有重要的生态意义，浮油对这一区域的野生动物构成了巨大威胁。

再之，漏油污染造成的长期损害不容忽视。泄漏的原油中所含的苯和甲苯等有毒化合物可能进入食物链，从低等的藻类到高等哺乳动物以及人类将无一幸免。对食物链的影响可以表现为：海洋大面积遭受原油污染后，细菌、浮游生物和其他海底觅食的生物会吞噬石油，然后这些生物成为小鱼、蟹、虾类的食物，再后来这些小鱼、蟹、虾类被体形较大的红鲷鱼一类的鱼和海豚吃掉。原油毒物通过食物链富集，一方面，毒物富集后可以杀死这些生物，另一方面，这些生物如果成为海产品供人食用，又会毒害人。而这种途径是难以避免的，因为墨西哥湾是全美 20% 海产品的来源，产虾量更是占到全美的 75%。由于漏油油井位置靠近墨西哥湾的大陆架，这里繁盛的珊瑚礁也面临着生存威胁。

本案例中值得吸取的经验及教训主要包括：

1. 良好的应急响应体系

事故发生后，美国政府迅速反应，依托 1990 年美国《石油污染法案》和国家溢油应急体系，启动了国家、区域和地方的各级应急指挥系统，统一协调各部门进行海上溢油的堵漏、治理与回收。其中，以海岸警卫队为核心的地方应急指挥中心，协调沿岸各州及地方政府控制和解决潜在的环境影响。第二天，该体系中的区域应急小组协调海岸警卫队、美国国土安全部、商务部和内政部等部门，提供技术建议并从下属部门和预设储备站调集物资展开全面防治和搜救行动。第三天，应急响应继续升级，应急体系中的国家溢油应急反应小组激活，该小组由 16 个联邦部门和机构组成，负责协调应急准备和应对石油与有害物质的污染。国家溢油应急反应小组决定由 BP 公司负责堵漏以及海上溢油的清除和治理行动。在国家、区域和地方应急反应小组的互相配合和支援下，有关单位共同进行海上溢油处理。如美国国家环境保护局的专家指导清除溢油；美国国家海洋和大气管理局提供溢油漂移轨迹预测，使得溢油清除小组能够根据天气的变化调整溢油防治方法；征召志愿者清理野生海洋动物身上的污油，清洗和康复黏上油渍的鸟类。应急反应小组通过与政府内外的野生动物专家紧密合作，加快应急反应能力，尽可能保护野生动物及其敏感栖息地，最大限度地减少溢油对野生动物的影响。通常较好的做法是安排一些专业人员对当地最敏感的物种及栖息地进行观察以便最好地保护和拯救野生动物。

2. 海上溢油治理技术的应用

海洋溢油的治理一般可分为物理法、化学法和微生物处理法。由于墨西哥湾溢油来自海洋深处，易于海水乳化形成黏稠物，难以让"吃油"的微生物吃掉，因此，此次事故处理只使用了前两种方法，具体包括围油栏与机械清除、燃烧溢油以及化学分散剂。截至 6 月 20 日，美国在墨西哥湾已经布放了超过 1 944 公里的围油栏，还有 597 公里的围油栏准备布放，以确保环境敏感区域得到保护。对易于回收的溢油，美国海岸警卫队进行机械清污和回收，取得了明显的效果。对于不易回收的溢油已经进行了 250 次可控燃烧（共燃烧约 15 万桶原油），并使用了 3 554 立方米海面分散剂和 1 719 立方米海底消油剂。从事故治理措施来看，美国政府采取的都是常规的技术，但在海上溢油应急反应体系的支持下，物资储备充足，布局合理，治理措施得当，取得了较明显的效果。

3. 专门机构负责调查环境刑事犯罪及补偿机制

BP 同意设立 200 亿美元基金，赔偿因墨西哥湾漏油事件而生计受损的民众。在美国，司法部下属的环境和自然资源局专门负责有关环境和自然资源保护的民事和刑事责任调查工作。环境和自然资源局主要负责预防和治理污染、管理公共土地和自然资源、保护野生动物、印第安人权利的保护和索赔等工作，根据联邦法律起诉污染环境和针对野生动物的刑事案件。

事故原因和教训：

随着全球海上石油勘探、开采业务的迅猛发展，海上石油泄漏引发的海洋环境污染风险也日益严峻。做好海上油田作业活动中的环境风险评估，有针对性地制定风险防范措施，对有效降低海洋作业过程中的环境风险，具有重要意义。本次事故漏油量已大大超过 1989 年埃克森·瓦尔迪兹号油轮漏油事故，成为美国历史上最大的漏油事故，但在美国国家海上溢油应急反应体系的指挥下，溢油应急响应及时，治理措施采取得当，造成的环境和经济损失相对于瓦尔迪兹号油轮漏油事故来说要小得多。

2011 年福岛核电站泄漏事故

时间和地点：2011 年 3 月 11 日，日本的福岛县双叶郡大熊町沿海的福岛核电站。

涉及化学品：放射性物质,主要包括碘 -131、铯 -137、锶 -89 和锶 -90 等。

事故经过：

2011 年 3 月 11 日，日本发生里氏 9.0 级大地震，并引发海啸，引起了核泄漏事件。地震发生前，福岛核电站的 1、2、3 号机组处于运行状态，4、5、6 号机组处于定期停堆检修状态。地震发生后，核电站的外部供电线路遭受破坏，应急柴油发电机紧急启动，处于运行状态的 1、2、3 号机组紧急停堆。但核电站紧急停堆后，1、2、3 号反应堆中的核燃料仍在缓慢"燃烧"（热功率约为额定热功率的 5%），放出热量，所以需要持续进行冷却。而海啸来临的巨大冲击，使应急柴油发电机和循环冷却系统均遭到严重破坏，丧失工作能力，堆芯冷却停止。反应堆在停止冷却后，温度不断上升，冷却水持续汽化，压力容器内部压力急剧增大。为了防止压力容器发生蒸汽爆炸，工作人员通过泄放阀门不断释放反应堆中的水蒸气。随着蒸汽的不断泄放，反应堆中的冷却水位持续下降，逐渐露出水面的核燃料棒开始干烧，其温度迅速升高，当核燃料棒温度达到 800℃以上时，核燃料棒外层的金属锆包壳与水蒸气发生化学反应生成氢气，氢气发生爆炸，破坏了外层建筑、安全壳乃至压力容器；当露出水面的燃料棒温度继续上升，达到约 2 000℃时，燃料棒熔化，原来被金属锆外壳包裹的放射性物质（包括碘 -131 和铯 -137）大量泄漏，造成严重的环境污染。同样的原因，4

号机组由于无法给乏燃料池冷却水进行循环冷却，乏燃料池的水温不断升高，水位不断下降，锆水反应生成的氢气发生爆炸，乏燃料棒熔化，最终也导致放射性物质大量泄漏。东京时间 3 月 11 日 20 时 45 分，日本政府下达要求福岛第一核电站 2 号机组辐射半径 2 公里以内的居民疏散避难，撤离规模为 3 000 人左右。福岛核电站的危机状况在第一时间引起了国际社会的广泛关注，各国陆续派出救援队，赶到日本参与救援。12 日，日本政府要求核电站周围 20 公里的居民疏散避难，撤离规模达 10 万人，已有 190 人确定受到核辐射影响。13 日，避难半径扩大到 30 公里，已有 21 万人紧急疏散到安全地带，12 万人进行核辐射检查。在连续发生爆炸之后，日本政府在 3 月 14 日才向国际原子能机构提出救助申请，但日本政府提供的不准确信息致使国际原子能机构无法及时提供有效帮助。15 日、16 日、17 日，由于冷却功能丧失、堆芯熔化，福岛核电站机组相继发生起火、爆炸，事态呈现逐步升级的趋势。然而，在地震发生后，对于是否用海水灌溉降温这一方式，东京电力一直犹豫不决，因为海水灌溉必将对设备造成破坏，直到 12 日晚上 1 号机组发生氢气爆炸才开始仅对 1 号机组进行灌溉海水的操作。在核电站形势急剧恶化、机组相继爆炸，核泄漏、厂区内辐射浓度迅速升高的同时，东电公司将大部分员工紧急撤离，只留下 50 名"勇士"坚守岗位。在事故发生最初的几天里，一直是东京电力公司在进行处置，而东京电力公司对事态的估计严重不足，运到核电站进行冷却系统恢复的辅助电力居然是根本无法带动大型泵所需电力的电瓶。同时，东京电力公司报给政府的信息极其保守，以至于在事故发生的前 4 天，几乎没有动员国家力量，地方政府也没有动力量救灾，消防队、自卫队都没有进行救灾。直到 17 日，自卫队直升机和消防队才相继加入作业，分别从空中和地面向反应堆厂房注水。核泄漏事故导致福岛核电站内部的最高辐射剂量率超过每小时 1 000 毫希伏，附近海水中碘 –131 超标数千倍，福岛核电站周围的土地、海洋受到严重污染，30 公里范围内的数十万居民撤离家园，附近地区的蔬菜、牛奶、自来水均受到放射性核素污染。放射性烟云随大气飘到了太平洋、美洲、欧洲上空，在韩国、朝鲜、俄罗斯、中国以及美国等国家都检测到了福岛核电站泄漏的放射性物质。事故最终被定性为7级。

事故原因和教训：

1. 机组构建技术准备不足

　　机组设计估计不足，核电站建立在海边，却疏忽了海啸的预防指标。福岛核电站采用的是第二代核电技术，即在核电站遇紧急情况停电后，必须启用备用电源带动冷却水循环散热。福岛核电站电源供应系统应对抗震和重大事故明显能力不足，且缺乏可替换的预备电源。福岛核电站事故暴露出技术安全措施方面的不完善，未考虑到氢会泄漏到安全壳而发生爆炸。日本长崎大学的一名教授表示，"引发这次事故的巨大海啸，专家曾指出是有可能发生的，但东京电力公司制止不力。这与事故前指出切尔诺贝利核电站在结构上存在缺陷，却无视专家警告是一样的"。日本原子能安全基础机构在2010年10月曾向东京电力公司提交报告称，福岛第一核电站2、3号堆在电源全部丧失的情况下，反应堆得不到冷却的状态如果持续3个半小时，反应堆压力容器将会破损。但东京电力公司收到报告后，未对电源丧失的对策加以研究，而福岛核电站事故的进程正好是上述推测的真实再现。

　　专家认为，福岛核电站事故对安全科学产生了极大的冲击，暴露了现有安全科学理论与技术的诸多问题，许多问题需要深入讨论：①系统安全分析与评价方法的有效性不足。核电站采用了先进的确定论安全分析方法和概率论安全分析方法，对电站的安全性和可能事故进行了分析评价，但仍然没有能够预测出在多重事故叠加的情景下事故的演变，也未预测出可能出现哪些事故的叠加。②安全纵深防御体系和机制存在缺陷。为了确保核电站和公众的安全，在三里岛和切尔诺贝利事故后，核电站采用了纵深防御的保护策略，从设备到措施上提供了多层次的重叠保护。核安全界一直称这种纵深防御体系是最严密的，能够确保核电站和公众的安全，然而福岛核电站事故无情地突破了这个防御体系。③安全设施的有效性和可靠性不高。为了保证核电站的安全，电站设有多重、多样性的专门安全设施系统。福岛核电站的安全系统设计曾号称世界最安全，但其所有的安全设计在这次复合型灾难面前全部失效。福岛核电站事故对工业界最大的启示是以前的安全措施可能完全用不上，问题的本质在于对"复合型共模失效"的严重性认识不足，且囿于同一场址的几座反应堆不可能同时发生严重事故的思维模式。④要加强对风险的认识。福岛核电站事故再次证明，比设计基准事故更可怕的事故随时可能发生，而且在极端天灾面前，没有哪一种设计能绝对不出问题，尽管发生概率很低，但其后果（包括物质损失和公众心理等）特别严重。因此，要研究对于这种低概率、高风险的系统应该如何认识，是否可以接受以及如何设防，其评判的理论和准则是"什么都非常重要"。

2. 机构间的协调性差且反应迟钝

福岛核事故发生后，日本首相官邸、东京电力公司、直属经济产业省的原子能安全保安院之间互不信任，缺乏统一的认识，导致核事故处理问题的混乱。在核电站电力中断无法冷却反应堆的情况下，东京电力公司要求政府配给电源车，却出现电源车与核电站电源不匹配的现象，无法及时恢复反应堆的电力供应。在1号机组和3号机组连续发生氢气爆炸、事态急剧恶化之时，日本首相菅直人却收到经济产业大臣的报告，称东京电力公司申请从福岛第一核电站撤离的信息。

3. 信息公开不及时

核泄漏这种对世界各国都会产生巨大影响的事件，其真实情况究竟如何是国际社会亟待了解的。日本政府不主动并详细说明情况，提供的情况也不甚准确，反而是国际原子能机构多次敦促日本政府提供更多有关核反应堆的详细信息及情况。而不准确的信息更增添了人们对政府是否隐瞒真实情况的怀疑。日本政府的信息公开和对外宣传对日本的国际形象产生了重大的影响，也对及时解决危机带来了巨大的阻碍。

![参考文献]

[1] 饶永才，马运宏．徐州市三环西路硝基苯泄漏事故应急监测案例分析及研究 [J]．环境科技，2008，增刊 2（21）：37-39.

[2] 吴英红，尹常庆．强化长江水域危险化学品运输监管——对"2·3"镇江市区自来水异味事件思考 [J]．中国储运，2012，5：102-104.

[3] 国务院安全生产委员会办公室．国务院安委会办公室关于中国石油天然气集团公司在大连所属企业"7·16"输油管道爆炸火灾等 4 起事故调查处理结果的通报．国家安全生产监督管理总局国家煤矿安全监察局公告．2011，12：11-20.

[4] 昆仑．输油管道爆炸的惨痛教训 [J]．城市与减灾，2010，5：46-47.

[5] 张圣柱，多英全，石超，等．由"7·28"南京丙烯管道爆燃事故探讨我国地下管道存在的安全问题 [J]．中国安全生产科学技术，2011，7（2）：46-49.

[6] 陈善荣，陈明．广东省北江韶关段镉污染事件案例分析 [J]．环境教育，2008，1：49-53.

[7] 北江镉污染事件报道 [J]．给水排水动态，2006，1：20-21.

[8] 刘卓宝，胡训军，张英．山西苯胺泄漏事故 11 天 [J]．职业卫生与应急救援，2013，31（1）：38-40.

[9] 李新蕊，古基博．法国硝酸铵化肥工厂爆炸事故介绍及调查 [J]．爆破器材，2003，32（4）：31-36.

[10] 陈新，张华东，潘仲刚，等．开县特大天然气井喷事件应急处理及评价 [J]．现代预防医学，2007，34(11)：2125-2127.

[11] 徐龙君，吴江，李洪强．重庆开县井喷事故的环境影响分析 [J]．中国安全科学学报，2005，15(5)：84-87.

[12] 全继罡，乔国峰．双苯凶猛"11.13"吉林石化公司化工装置大爆炸暨松花江污染事故纪实 [J]．上海消防，2005，12(15)：16-26.

[13] 张勇，尚洁澄．松花江污染和哈尔滨停水事件的初步分析与反思 [J]．农业环境与发

展，2006，1，7-8.

[14] 何渊.完善我国突发事件应急机制——从松花江污染事件说起 [J].学习月刊，2006，1，47-48.

[15] 侯瑜.污染事故的经济损失评估：以松花江污染事件为例 [J].兰州商学院学报，2012，28(5)，22-28.

[16] 新华每日电讯.2005 年 11 月 28 日第 002 版.

[17] 案例研讨一：四川沱江重大水污染事故案，环境公益诉讼开展与律师的作用——2005 年全国律协环境与资源法专业委员会年会论文集 [C].2005，10-01，4-7.

[18] 张柏文，顾锋，宋锋，等.从个案看危险物品肇事罪的认定——京沪高速公路液氯泄漏案评析 [J].人民司法，2007，2，4-10.

[19] 刘振坤，张书海.京沪高速公路"3·29"液氯泄漏污染事故简析 [J].江苏环境科技，2005，18（2）：54-55.

[20] 赵金良，李书友，王更辰，等.由大沙河煤焦油污染谈突发性水污染事件处理机制.中国水利学.2008 学术年会论文集（下册）[C].2008，1049-1052.

[21] 崔秀丽.突发性环境污染事故的分类特征及处置措施——以保定市两起危及环境安全事故为例 [J].环境科学与管理 2007，32（7）：1-4.

[22] 唐志勇，周鹏，钟永健.基于企业的环境责任对明星企业重新审视——以紫金矿业为例 [J].经营管理者，2013，6：16.

[23] 于焜，池国华.合规目标缺失：高风险的"擦边球"——紫金矿业"污染门"的内控视角 [J].财务与会计（理财版），2012，04：42-43.

[24] 王利.论我国环境法治中的污染者付费原则——以紫金矿业水污染事件为视角 [J].大连理工大学学报（社会科学版），2012，33（4）：116-120.

[25] 袁瑞阳."中国第一大金矿"污染事件调查 [J].兵团建设，2010,8（下半月）：30-32.

[26] 邵芳卿.紫金矿业污染事件追踪：5 名国家公务员受查处 [N].第一财经日报，2011，06，21.

[27] 傅剑清."诚信危机"危及环保——由紫金矿业重大污染事故引发的思考 [J].环境保护，2010，8：41-43.

[28] 郭宏鹏，刘百军.透视紫金矿业污染事件：法律被搁置一旁 [N].法制日报，2010，07，29.

[29] 陈志荣，论环境犯罪侦查之完善——以紫金矿业污染案为视角 [C].生态安全与环境风险防范法治建设——2011 年全国环境资源法学研讨会（年会）论文集（第三册），

2011:931-934.

[30] 杨奕萍. 谁该为紫金矿业"污染门"负责? ——访首都经济贸易大学法学院教授高桂林 [J]. 环境经济,2011,07：14-19.

[31] 刘树新. 紫金矿业"污染门"对健全我国绿色金融体系的启示 [J]. 西南金融,2011,03：54-55.

[32] 韩永奇. 要金山更要绿水青山——从紫金矿业的污染事故所想到的 [J]. 节能与环保,2010,9：21-23.

[33] 高巧萍. 由紫金矿业污染事故引发的思考——生态环境安全风险及防范 [C]. 生态安全与环境风险防范法治建设——2011 年全国环境资源法学研讨会(年会)论文集(第二册),2011,494-496.

[34] 沈红波,谢越,陈峥嵘. 企业的环境保护、社会责任及其市场效应——基于紫金矿业环境污染事件的案例研究 [J]. 中国工业经济,2012,286（1）：141-151.

[35] 狄伟. 企业环境信息公开制度探析——从紫金矿业"污染门"事件说起 [D]. 湖南师范大学,2012.

[36] 蒋小艳,周裕琼. 论我国环境公共事件中的双重话语——以紫金矿业污染事件为例 [J]. 湖州师范学院学报,2012,34（4）：109-114.

[37] 吴如巧,陈晓妹. 谁该作为云南铬渣污染案的原告?[J]. 环境保护,2011,23：22-24

[38] 高晓露. 完善中国环境管理体制的法律思考——云南铬渣污染事件引发的深思 [J]. 财政监督,2011,10：72-74.

[39] 陈维春. 危险废物越境转移法律制度研究 [D]. 武汉大学,2005.

[40] 李铮. "魔高一尺,道高一丈"——从多处异地违法排污行为看法律制裁机制 [J]. 环境保护,2010,3：44-47.

[41] 李冰凌. 论危险废物越境非法运输的法律责任 [D]. 华东政法大学,2012.

[42] 刘超. 突发环境事件应急机制的价值转向和制度重构——从血铅超标事件切入 [J]. 湖北行政学院学报,2011,58（4）：64-69.

[43] 李冠杰. 重金属污染条件下基层环境监管体制研究 [D]. 西北农林科技大学,2012

[44] 李冠杰,卜风贤. 陕西凤翔"血铅"事件的权变管理研究 [C]. 全国重金属污染治理研讨会论文集,2010,16-24.

[45] 马可. 环境事件背后的制度体认和责任考量——从凤翔血铅事件切入 [J]. 贵州社会科学,2011,260（8）：95-98.

[46] 王欣欣. 从"云南省铬渣污染事故"看地方政府环境责任制度的完善 [D]. 中国海洋

大学，2012.

[47] 丛澜，陈祥斌 . 借鉴莱茵河污染治理经验，加强我省流域水环境管理 [J]. 福建环境，2003，20（1）：20-23.

[48] 丁禄斌，牟桂芹，周志国 . 浅谈海上油田生产活动中的环境风险识别与评估 [J]. 生产与环境，2011，11（11）：34-35.

[49] 汪胜国 . 日本对福岛核电站事故的反思 [J]. 国外核动力，2011，2：1-2.

[50] 孙阳昭，陈扬，等 . 构建重金属污染防治管理体系——从水俣病事件谈起 [J]. 环境保护与循环经济，9-12.

[51] 张力 . 日本福岛核电站事故对安全科学的启示 [J]. 中国安全科学学报，2011，21（4）：3-6.

[52] 高峰 . 墨西哥湾的噩梦：海洋石油污染 [J]. 中国石化，2010，7：24-25.

[53] 张延 . 日本水俣病和水俣湾的环境恢复与保护 [J]. 调查研究，2006，5：50-52.

[54] 王祖纲，董华 . 美国墨西哥湾溢油事故应急响应、治理措施及其启示 [J]. 国际石油经济，2010，6：1-4.

[55] 李存江 . 重视重金属中毒对神经系统的损害 [J]. 中华内科杂志，2011，50（11）：908-909.

[56] 刘宝利 . 那次致命的泄漏——印度博帕尔毒气泄漏事故全记录 [J]. 天津效仿，2003，6：36-41.

[57] 郝少英 . 跨国河流突发性污染防治的法律对策与启示 [J]. 环境保护，2012，9：45-47.

[58] 杨居荣，薛纪渝，等 . 日本公害病发源地的今天 [J]. 农业环境保护，1999，18（6）：268-271.

[59] 郎庆成，张玲，赵斌，等 . 重金属污染事件应急处理技术探讨——以广西龙江镉污染事件为例 [J]. 再生资源与循环经济，2012，5(3)，39-40.

[60] 张影，杨郸丹，卢忠林 . 广西龙江镉污染事件及反思 [J]. 化学教育，2013，6，1-3.

[61] Manual for the public health management of chemical incidents. Geneva Switzerland，WHO Document Production Services，2009.